本书由
　　　大连市人民政府资助出版
The published book is sponsored
by the Dalian Municipal Government

大连理工大学学术文库

单一组分三价钴配合物催化 CO_2 与环氧烷烃共聚

任伟民　著

大连理工大学出版社

图书在版编目(CIP)数据

单一组分三价钴配合物催化 CO_2 与环氧烷烃共聚 / 任伟民著. — 大连：大连理工大学出版社，2016.3
(大连理工大学学术文库)
ISBN 978-7-5685-0262-7

Ⅰ.①单… Ⅱ.①任… Ⅲ.①二氧化碳－生物降解－研究 Ⅳ.①O613.71

中国版本图书馆 CIP 数据核字(2016)第 018186 号

大连理工大学出版社出版
地址：大连市软件园路 80 号　邮政编码：116023
发行：0411-84708842　传真：0411-84701466　邮购：0411-84708943
E-mail：dutp@dutp.cn　URL：http：//www.dutp.cn
大连金华光彩色印刷有限公司印刷　　大连理工大学出版社发行

幅面尺寸：155mm×230mm　　印张：11.25　　字数：151千字
2016 年 3 月第 1 版　　　　　　　2016 年 3 月第 1 次印刷

责任编辑：邃东敏　雷春雨　　　　　责任校对：周　瑜
封面设计：孙宝福

ISBN 978-7-5685-0262-7　　　　　　　　　　　定　价：45.00 元

Dalian University of Technology Academic Series

Single-Component Cobalt(Ⅲ)-Complex-Mediated Copolymerization of Epoxides with CO_2

Ren Wei-min

Dalian University of Technology Press

《大连理工大学学术文库》
编委会

主　任：申长雨

副主任：李俊杰　　曲景平

委　员：胡祥培　　宋永臣　　金英伟

序

教育是国家和民族振兴发展的根本事业。决定中国未来发展的关键在人才,基础在教育。大学是培育创新人才的高地,是新知识、新思想、新科技诞生的摇篮,是人类生存与发展的精神家园。改革开放三十多年,我们国家积累了强大的发展力量,取得了举世瞩目的各项成就,教育也因此迎来了前所未有的发展机遇。国内很多高校都因此趁势而上,高等教育在全国呈现出欣欣向荣的发展态势。

在这大好形势下,我校本着"海纳百川、自强不息、厚德笃学、知行合一"的精神,长期以来在培养精英人才、促进科技进步、传承优秀文化等方面进行着孜孜不倦的追求。特别是在人才培养方面,学校上下同心协力,下足功夫,坚持不懈地认真抓好培养质量工作,营造创新型人才成长环境,全面提高学生的创新能力、创新意识和创新思维,一批批优秀人才脱颖而出,其成果令人欣慰。

优秀的学术成果需要传播。出版社作为文化生产者,一直肩负着"传播知识,传承文明"的历史使命,积极推进大学文化建设和大学学术文化传播是出版社的责任。我非常高兴地看到,我校出版社能够始终抱有这种高度的使命感,积极挖掘学校的学术出版资源,以充分展示学校的学术活力和学术实力。

在我校研究生院的积极支持和配合下,出版社精心策划和编辑出版的"大连理工大学学术文库"即将付梓面市,该套丛书也获得了大连市政府的重点资助。第一批出版的是获得"全国百优博士论文"称号的6篇博士论文。这6篇论文体现了化工、土木、计算力学等几个专业的学术培养成果,有学术创新,反映出我校近几年博士生培养的水平。

评选优秀学位论文是教育部贯彻落实《国家中长期教育改革和发展规划纲要》、实施辽宁省"研究生教育创新计划"的重要内容,是提高研究生培养和学位授予质量,鼓励创新,促进高层次人才脱颖而出的重要举措。国务院学位办和省学位办从1999年开始首次评选,至今已开展14次。截至目前,我校已有7篇博士学位论文荣获全国优秀博士学位论文,30篇博士学位论文获全国优秀博士学位论文提名论文,82篇博士学位论文获辽宁省优秀博士学位论文。所有这些优秀博士论文都已经列入了"大连理工大学学术文库"出版工程之中,在不久的将来这些优秀论文会陆续面市。我相信,这些优秀论文的出版在传播学术文化和展示研究生培养成果的同时,一定会在全校范围内营造出一个在学术上争先创优的良好氛围,为进一步提高学校的人才培养质量做出重要贡献。

博士生是我们国家学术发展最重要的力量,在某种程度上代表了国家学术发展的未来。因此,这套丛书的出版必然会有助于孵化我校未来的学术精英,有效推动我校学术队伍的快速成长,意义极其深远。

高等学校承担着人才培养、科学研究、服务社会、文化传承创新四大职能任务,人才培养作为高等教育的根本使命一直是重中之重。2012年辽宁省又启动了"大连理工大学领军大学建设工程",明确要求我们要大力实施"顶尖学科建设计划"和"高端人才支撑计划",这给我校的人才培养提供了新的机遇。我相信,在全校师生的共同努力下,立足于持续,立足于内涵,立足于创新,进一步凝心聚力,推动学校的内涵式发展;改革创新,攻坚克难,追求卓越,我校一定会迎来美好的学术明天。

中国科学院院士

2013年10月

前　言

二氧化碳(CO_2)作为地球上的重要碳源，可以通过光合作用被转化为碳水化合物，同时释放出氧气，这是维持生态循环最重要的反应之一。而如今人类日常生活和工业生产中 CO_2 的过量排放破坏了自然界的"收支平衡"，使得 CO_2 成为导致温室效应的主要气体。目前，大气中 CO_2 含量高达 27 500 亿吨，每年在碳循环中的 CO_2 约 6 600 亿吨，而因人类活动每年额外产生 260 余亿吨，这些未平衡的 CO_2 约占碳循环的 3.9%，导致大气中 CO_2 的体积分数从工业化前的 270×10^{-6} 增加到目前的 380×10^{-6}。若按此速度增加，2100 年大气中 CO_2 的体积分数将超过 560×10^{-6}，这将对人类生存环境造成难以想象的影响。因此，CO_2 的减排和化学或物理固定已经成为世界范围内最受关注的战略性研究课题之一。

相对于自然界绿色植物在非常温和条件下大规模利用大气中 CO_2 合成碳水化合物，人类用其作为反应底物构筑小分子化合物或高聚物尚处于比较小的规模。全世界每年有 1.1 亿吨 CO_2 被化学利用，尚不到排放量的 0.5%。其中，合成尿素使用 7 000 万吨、合成无机碳酸盐使用 3 000 万吨，其他主要用于生产合成气、水杨酸和环状碳酸酯等。因此，无论是从碳资源充分利用的角度，还是从环境保护、实现可持续发展战略的角度考虑，探索 CO_2 的化学利用，都具有十分重要的意义。

CO_2 参与的化学反应可以分为三类：一类是与富电子的亲核试剂（如有机金属试剂、酚钠盐等）直接反应，生成增加一个碳原子的羧酸衍生物；另一类是在催化剂作用下，与具有还原性的试剂（如氢气）发生反应，生成低碳烯烃、低碳醇、甲酸、甲酰胺或者合成气等；第三类是与醇类、胺类以及环氧化合物反应，分别生成碳酸酯、氨基碳酸酯、环状碳酸酯或者聚碳酸酯。在第一和第三类反应过程中，碳的氧化态没有改变，故不需要额外的能量和氢源，近年来这方面的工作得到越来越多的重视。目前，化学家们已经实现了几十个 CO_2 参与的化学反应，但大多存在成本较高的缺点，使其无法工业化生产。

在 CO_2 参与的众多反应中，与环氧烷烃共聚反应是最有潜力的绿色聚合过程之一，而且生成的聚碳酸酯在环境友好包装材料、工程热塑型材料以及树脂方面都有众多潜在的用途。在该共聚反应中，存在着聚合物与小分子环状碳酸酯选择性、聚合产物中碳酸酯单元与聚醚单元选择性问题，以及人们往往忽视的区域和立体选择性共聚问题等。因此，选择性催化合成高碳酸酯单元含量和高分子量聚合物一直是本领域的研究重点之一，而实现对聚合产物的立体化学及其性能的精确调控则是更具挑战性的研究目标。

本书主要集中了作者近几年在这一领域取得的一些重要的成果。第 1 章论述了 CO_2 与环氧烷烃共聚反应的发现以及涉及的一些科学问题；第 2 章简单综述了用于该聚合反应催化剂的发展历程；第 3 章论述了单一组分三价钴配合物的开发及用于 CO_2 与环氧烷烃共聚的反应情况；第 4 章阐述了单一组分三价钴配合物催化该聚合反应的机理及其延伸；第 5 章介绍了聚碳酸酯嵌段共聚物的制备；第 6 章介绍了基于提出的聚合机理，高活性、热稳定性三价钴配合物的开发及热力学性能可调的三元共聚物的制备；第 7 章介绍了单一组分三价钴配合物催化 CO_2 与外消旋环氧烷烃的不对称、区域和立体选择性交替共聚反应。

CO_2 的化学固定是一项较为复杂的研究工作，建立高效的 CO_2 催化活化与转化体系制备相应的聚碳酸酯是集研究性与实用性于一体的系统工程，需要深入研究和开拓的工作还有很多。希望本书的出版能起到抛砖引玉的作用，引起学界和工业界的重视，使我国合成 CO_2 基聚碳酸酯的理论研究不断完善，并为其工业化之路提供科学的理论依据。

作为一个较为新兴的学科领域，由于作者水平有限，本书只是在三价钴配合物催化 CO_2 与环氧烷烃共聚制备聚碳酸酯的理论研究方面做了一些初步的探究，在内容上难免存在不完善、不严谨或有缺陷的地方，希望广大读者多提宝贵意见，也恳请大家批评指正，以促进该学科的繁荣发展。

本书获得大连市人民政府资助出版，在此深表谢意！

编　者

2016 年 1 月

目 录

1 CO_2 与环氧烷烃共聚的发现及科学问题 ·············· 1
  1.1 CO_2 与环氧烷烃的交替共聚反应 ················ 1
  1.2 反应涉及的化学问题 ·························· 2
  1.3 可能的反应机理 ····························· 6
2 CO_2 与环氧烷烃共聚的催化剂发展历程 ·············· 7
  2.1 非均相催化剂 ······························· 7
  2.2 均相催化剂 ································· 8
    2.2.1 铝配合物催化剂 ······················· 9
    2.2.2 锌配合物催化剂 ······················ 10
    2.2.3 铬配合物催化剂 ······················ 12
    2.2.4 稀土配合物催化剂 ···················· 14
  2.3 三价钴配合物催化 CO_2 与环氧烷烃交替
      共聚反应的研究进展 ······················· 15
    2.3.1 三价钴配合物单独作为催化剂 ·········· 15
    2.3.2 三价钴配合物/季铵盐或大位阻有机碱
         双组分催化体系 ······················ 16
    2.3.3 单分子双功能 SalenCo(Ⅲ)X 配合物催化剂 ··· 19
3 单一组分三价钴催化剂的开发及其催化行为 ·········· 22
  3.1 单一组分三价钴催化剂的合成 ················ 23
    3.1.1 配体和配合物合成路线的选择 ·········· 23
    3.1.2 配体和配合物的合成及表征 ············ 24

3.2 配合物Ⅰa-Ⅰc催化 CO_2 与 PO 的共聚反应 ………… 32
   3.2.1 配合物Ⅰa催化 CO_2 与 PO 的共聚反应 ………… 33
   3.2.2 轴向配体的亲核性对共聚反应的影响 ………… 34
   3.2.3 反应压力对共聚反应的影响 ………………………… 35
   3.2.4 反应温度对共聚反应的影响 ………………………… 35
3.3 本章小结 …………………………………………………… 37

4 三价钴配合物催化 CO_2 与环氧烷烃共聚反应机理的研究 … 38
4.1 用于催化 CO_2 与环氧烷烃共聚反应的钴配合物合成 …………………………………………………… 40
   4.1.1 配合物Ⅱ合成 ………………………………………… 40
   4.1.2 配合物Ⅲ合成 ………………………………………… 43
   4.1.3 配合物Ⅳ合成 ………………………………………… 47
4.2 配合物Ⅰa或Ⅰb催化 CO_2 与环氧烷烃共聚反应的机理 …………………………………………………… 49
   4.2.1 共聚反应的电喷雾质谱和红外吸收光谱跟踪实验 …………………………………………………… 49
   4.2.2 Ⅰa与PO反应的电喷雾质谱跟踪实验 ………… 52
   4.2.3 原位红外光谱研究 CO_2 插入烷氧金属键实验 … 53
   4.2.4 配合物Ⅱ-Ⅳ催化 CO_2 与 PO 的共聚反应 …… 56
   4.2.5 配合物Ⅰa催化 CO_2 与 CHO 的共聚反应 …… 58
   4.2.6 配合物Ⅰa或Ⅰb催化 CO_2 与环氧烷烃的共聚反应机理 …………………………………………… 61
4.3 SalenCo(Ⅲ)X/亲核性助催化剂双组分体系催化 CO_2 与环氧烷烃共聚反应的机理 ……………………… 63
4.4 本章小结 …………………………………………………… 65

5 聚碳酸酯嵌段共聚物的制备 ································· 66
5.1 PPC-*b*-PCHC-*b*-PPC 嵌段共聚物的制备 ················ 67
5.1.1 聚碳酸酯嵌段共聚物的制备过程 ················· 67
5.1.2 聚碳酸酯嵌段共聚物的表征 ····················· 68
5.2 PPC-*b*-PCHC-*b*-PPC 嵌段共聚物的热力学性能
分析 ··· 70
5.3 PPC-*b*-PCHC-*b*-PPC 嵌段共聚物的热力学性能
调控 ··· 71
5.4 本章小结 ··· 72

6 高活性、热稳定双功能三价钴催化剂的设计 ··············· 73
6.1 配合物 Ⅵ-Ⅷ 的合成 ······································· 75
6.1.1 配合物 Ⅵ 的合成 ······························· 75
6.1.2 配合物 Ⅶ 的合成 ······························· 78
6.1.3 配合物 Ⅷ 的合成 ······························· 85
6.2 配合物 Ⅵ-Ⅷ 催化 CO_2 与 PO 的共聚反应 ············ 90
6.2.1 配合物 Ⅵ-Ⅷ 催化 CO_2 和 PO 的共聚反应结果 ····· 90
6.2.2 反应温度对共聚反应的影响 ····················· 91
6.3 配合物 Ⅵ-Ⅷ 催化 CO_2 与 CHO 的共聚反应 ·········· 92
6.3.1 反应温度对共聚反应的影响 ····················· 92
6.3.2 反应压力对共聚反应的影响 ····················· 94
6.4 CO_2/端位环氧烷烃/CHO 的三元共聚反应 ·············· 95
6.4.1 配合物 Ⅷ 催化 CO_2/PO/CHO 的三元共聚
反应 ··· 97
6.4.2 其他三元共聚物的制备及其热力学性能 ········· 99
6.4.3 CO_2/PO/CHO 三元共聚反应的区域化学 ······ 102

  6.5 本章小结 ·· 107

7 手性钴配合物催化 CO_2 与外消旋 PO 不对称、
  区域和立体选择性共聚反应 ······················ 108
  7.1 配合物 Ⅸ-Ⅻ 合成 ······································ 111
    7.1.1 (S)-联-2-萘酚衍生物的合成 ···················· 111
    7.1.2 含 TBD 水杨醛的合成 ························ 115
    7.1.3 手性配体 $L_{Ⅸ}$-$L_{Ⅻ}$ 的合成 ······················ 122
    7.1.4 手性配合物 Ⅸ-Ⅻ 的合成 ······················ 126
  7.2 配合物 Ⅸ-Ⅻ 催化 CO_2 与 PO 的不对称共聚反应 ······ 129
    7.2.1 催化剂结构对共聚反应区域和立体选择性的

      影响 ·· 129
    7.2.2 反应温度对共聚反应区域和立体选择性的

      影响 ·· 132
  7.3 本章小结 ·· 134

附 录 ·· 135

参考文献 ·· 143

Table of Contents

Chapter 1 Discovery of CO_2/epoxides copolymerization and scientific viewpoints 1

  1.1 Alternating copolymerization of CO_2 and epoxides 1

  1.2 Chemical problems of the reaction 2

  1.3 The possible mechanism 6

Chapter 2 Development of catalyst system for CO_2/epoxides copolymerization 7

  2.1 Heterogeneous catalyst 7

  2.2 Homogeneous catalyst 8

    2.2.1 Aluminum-based catalyst 9

    2.2.2 Zinc-based catalyst 10

    2.2.3 Chromium-based catalyst 12

    2.2.4 Rare-earth metal-based catalyst 14

  2.3 Advances of cobalt(III)-based catalyst for alternating copolymerization of CO_2 and epoxides 15

    2.3.1 Cobalt(III)-complex alone as catalysts 15

    2.3.2 Binary cobalt(III)-complex/ammonium salts or sterically hindered organic base catalyst systems 16

      2.3.3 Single molecule bifunctional complex

              SalenCo(Ⅲ)X catalyst 19

Chapter 3 Development of single-component cobalt(Ⅲ)-

           catalysts and their catalytic behavior 22

    3.1 Synthesis of the single-component cobalt(Ⅲ)-

        catalysts 23

      3.1.1 Choice of the synthetic route for the

              ligands and complexes 23

      3.1.2 Synthesis and characterization of the

              ligands and complexes 24

    3.2 Complexes Ⅰa-Ⅰc-mediated CO_2/PO

        copolymerization 32

      3.2.1 Complex Ⅰa-mediated CO_2/PO

              copolymerization 33

      3.2.2 Effect of nucleophilicity of axial ligand on the

              copolymerization 34

      3.2.3 Effect of pressure on the copolymerization ... 35

      3.2.4 Effect of temperature on the

              copolymerization 35

    3.3 Conclusions 37

Chapter 4 Mechanistic aspects of copolymerization of CO_2

           and epoxides mediated by cobalt(Ⅲ)-complexes ... 38

    4.1 Synthesis of the cobalt(Ⅲ)-complexes for

        CO_2/epoxides copolymerization 40

Table of Contents

    4.1.1 Synthesis of complex II 40
    4.1.2 Synthesis of complex III 43
    4.1.3 Synthesis of complex IV 47
  4.2 Mechanism of the copolymerization of CO_2 and epoxides mediated by complex I a or I b 49
    4.2.1 ESI-MS and FTIR studies for monitoring the copolymerization 49
    4.2.2 ESI-MS studies on the reaction of I a and PO 52
    4.2.3 In situ FTIR studies on the insertion of CO_2 into metal-alkoxide bond 53
    4.2.4 Complexes II-IV-mediated copolymerization of CO_2 and PO 56
    4.2.5 Complex I a-mediated copolymerization of CO_2 and CHO 58
    4.2.6 Mechanistic understanding of complex I a or I b for CO_2/epoxides copolymerization 61
  4.3 Mechanistic understanding of binary SalenCo(III)X/ nucleophilic cocatalyst systems for CO_2/epoxides copolymerization 63
  4.4 Conclusions 65

Chapter 5 Preparation of block copolymer based polycarbonates 66

  5.1 Preparation of PPC-*b*-PCHC-*b*-PPC block copolymer 67
    5.1.1 Preparation section of block copolymer based polycarbonate 67

5.1.2	Characterization of block copolymer based polycarbonate	68
5.2	Thermodynamic properties of PPC-*b*-PCHC-*b*-PPC block copolymer	70
5.3	Adjusting for thermodynamic properties of PPC-*b*-PCHC-*b*-PPC block copolymer	71
5.4	Conclusions	72
Chapter 6	**Design of highly active, thermally stable bifunctional Co(III)-catalyst**	73
6.1	Synthesis of complexes VI-VIII	75
6.1.1	Synthesis of complex VI	75
6.1.2	Synthesis of complex VII	78
6.1.3	Synthesis of complex VIII	85
6.2	Complexes VI-VIII-mediated CO_2/PO copolymerization	90
6.2.1	Results of complexes VI-VIII-mediated CO_2/PO copolymerization	90
6.2.2	Effect of temperature on the copolymerization	91
6.3	Complexes VI-VIII-mediated CO_2/CHO copolymerization	92
6.3.1	Effect of temperature on the copolymerization	92
6.3.2	Effect of pressure on the copolymerization	94
6.4	Terpolymerization of CO_2 with terminal epoxides and CHO	95
6.4.1	Complex VIII-mediated CO_2/PO/CHO	

terpolymerization ·· 97
    6.4.2 Preparation of various terpolymers and their thermodynamic properties ··················· 99
    6.4.3 Regiochemistry of CO_2/PO/CHO terpolymerization ·· 102
  6.5 Conclusions ·· 107

Chapter 7 Asymmetric regio- and stereoselective copolymerization of CO_2 and racemic PO mediated by chiral cobalt complex ··················· 108

  7.1 Synthesis of complexes Ⅸ - Ⅻ ······················· 111
    7.1.1 Synthesis of (S)-1,1'-bi-2-naphthol derivatives ··· 111
    7.1.2 Synthesis of salicylaldehyde with TBD group ·· 115
    7.1.3 Synthesis of chiral ligands $L_{Ⅸ}$ - $L_{Ⅻ}$ ············ 122
    7.1.4 Synthesis of chiral complexes Ⅸ-Ⅻ ············ 126
  7.2 Complexes Ⅸ-Ⅻ-mediated asymmetric CO_2/PO copolymerization ·· 129
    7.2.1 Effect of structure of catalyst on the regio- and stereoselectivity of copolymerization ······ 129
    7.2.2 Effect of temperature on the regio- and stereoselectivity of copolymerization ············ 132
  7.3 Conclusions ·· 134

Appendix ·· 135

References ·· 143

1　CO_2 与环氧烷烃共聚的发现及科学问题

1.1　CO_2 与环氧烷烃的交替共聚反应

相对于绿色植物大规模利用 CO_2 合成有机物质,人类用其作为单体构筑高聚物的研究尚处在探索之中。其中,由 CO_2 与环氧烷烃共聚形成聚碳酸酯这一绿色反应最具潜力(图 1.1)[1-5]。1969年,日本东京大学的 Inoue 课题组首次报道了用 $ZnEt_2$ 与 H_2O(物质的量比 1∶1)形成的混合物作为催化剂实现了 CO_2 与环氧丙烷(PO)的共聚反应[6]。该反应一经发现就引起各国相关领域化学工作者的关注。与传统的制备聚碳酸酯方法(光气/二醇缩聚)相比,该法具有原料廉价易得,毒性小,反应中不需要添加任何有机溶剂等优点。而且,生成的聚碳酸酯能被完全降解成无害且具有良好生物相容性的二醇,可用来制作重要的医用材料[7]。

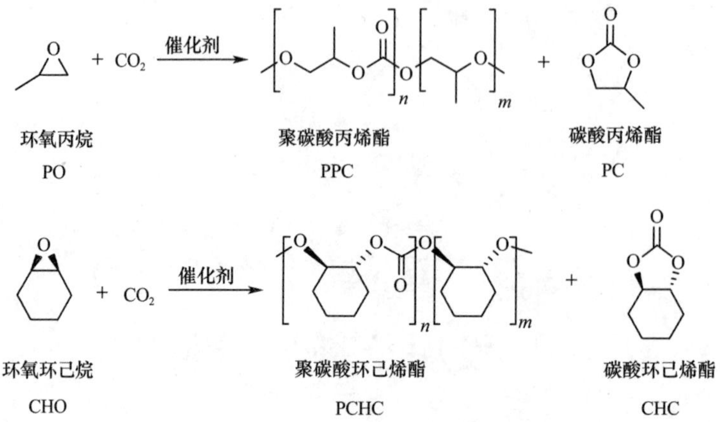

图 1.1　CO_2 与环氧烷烃的反应

Fig. 1.1　The reaction of CO_2 and epoxides

1.2　反应涉及的化学问题

CO_2 与环氧烷烃的共聚反应涉及多方面的化学问题,本书以 CO_2 与 PO 的交替共聚反应过程为例加以说明。

(1)产物选择性(聚碳酸酯/环状碳酸酯)

CO_2 与 PO 反应会生成聚碳酸丙烯酯(PPC)和环状的碳酸丙烯酯(PC)两种产物(图 1.2),而且 PC 比 PPC 具有更好的热力学稳定性。一般认为,环状碳酸酯主要是由聚碳酸酯通过分子内的环消除反应产生的[8]。Darensbourg 等对聚合反应的动力学进行了研究[9],计算出了聚合反应的活化能(图 1.3)。从图中可知,生成 PPC 和 PC 反应的活化能相差较小。因此,大部分催化剂用于该聚合反应时,能同时得到两种产物,甚至只能得到环状产物。

催化剂、助催化剂、CO_2 压力以及反应温度都影响着聚合物的选择性。因此,理解链增长和环消除这两种竞争反应,对于优化反

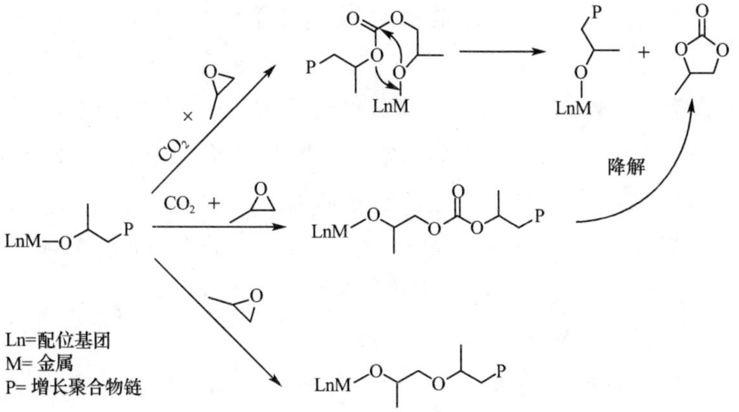

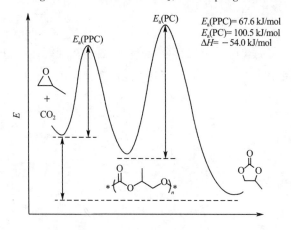

图 1.2　CO_2 与 PO 偶合反应的几个可能途径

Fig. 1.2　The routes of CO_2/PO coupling reaction

图 1.3　CO_2 与 PO 偶合反应的能量坐标图

Fig. 1.3　Energy coordinate diagram of the coupling reaction of CO_2 and PO

应条件,有效地抑制副反应从而提高聚合物选择性是十分必要的。一般来说,降低反应温度或提高 CO_2 的压力有利于抑制环状碳酸酯的生成,提高聚合物的选择性。

（2）化学结构选择性（碳酸酯单元/醚单元）

CO_2 与 PO 的交替共聚反应中，PO 的连续开环插入过程也是一个竞争力较强的副反应。因此，生成的聚合物链段中除了有 CO_2 与 PO 交替共聚反应形成的碳酸酯单元，还可能含有 PO 均聚反应形成的醚单元。聚醚链段含量的增大会在很大程度上降低聚合物的可降解性。一般认为，提高 CO_2 压力会有效地抑制 PO 的均聚反应，提高聚合物链段中碳酸酯单元的含量。

（3）区域选择性

CO_2 与 PO 共聚反应过程中，在 PO 不同碳氧键上（A 处和 B 处）的开环反应会直接导致生成的聚碳酸酯单元有 3 种不同的连接方式，分别是头尾（Head-to-Tail）、尾尾（Tail-to-Tail）和头头（Head-to-Head）连接（图 1.4）。理论上，PO 的开环反应过程应遵循 S_N2 反应机理，亲核试剂进攻位阻较小的亚甲基碳原子，得到区域规整度较高的聚碳酸酯。但实际上，多数催化剂能使得 PO 的开环反应也发生在次甲基的碳原子上，得到区域无规的聚碳酸酯。

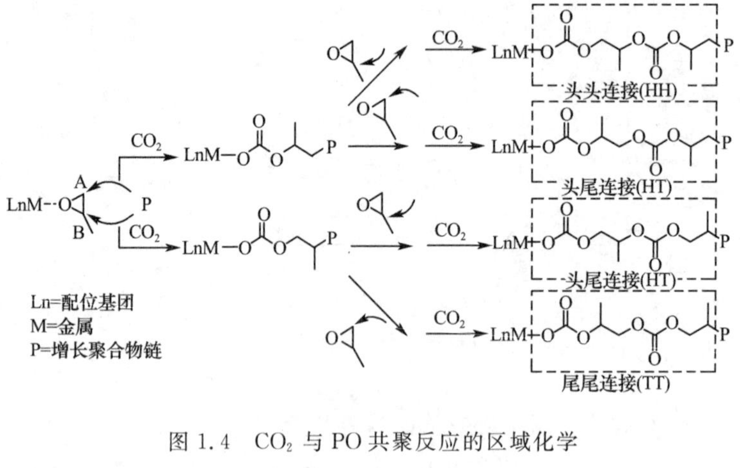

图 1.4 　CO_2 与 PO 共聚反应的区域化学

Fig. 1.4　The regiochemistry of CO_2/PO copolymerization

聚合物的区域规整度对其物理性质有着重要的影响，Tao 等研究发现，当 PPC 的头尾连接单元含量从 69.7% 提高到 83.2% 时，玻璃化转变温度从 36.1 ℃ 升高到 43.3 ℃，而且聚合物的模量也增加了 87%[10]。

(4) 立体选择性

CO_2 与外消旋 PO 在手性催化剂作用下发生交替共聚反应时，(R)-PO 和 (S)-PO 的反应活性差别较大，造成聚合物链段中碳酸酯单元的两种对映异构体的含量不同，从而使得生成的 PPC 展现出一定的光学活性。另外，根据碳酸酯单元的两种对映异构体在链段上排列的不同顺序，聚合物会有 3 种构型，分别为全同立构(isotactic)、间同立构(syndiotactic)以及无规立构(atactic)(图 1.5)。

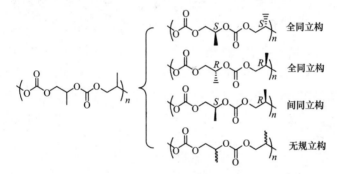

图 1.5 聚碳酸酯的立体化学

Fig. 1.5 The stereochemistry of polycarbonates

CO_2 与外消旋 PO 的立体选择性共聚反应也是 PO 的动力学拆分过程。在催化剂的手性诱导下，若 (R)-PO 的反应活性大于 (S)-PO，即 $k_R \gg k_S$（k 为速率常数），则当反应进行到一定程度时，聚合产物中 (R)-碳酸酯单元含量会大于 (S)-碳酸酯单元含量；同时，未反应的底物中 (R)-PO 的量将小于 (S)-PO 的量(图 1.6)。因此，当动力学拆分常数 (k_{rel}) 较高时，可以同时得到光学活性的聚碳酸酯和环氧烷烃。本书通过下面的公式计算 k_{rel} 值：

$$k_{rel} = \ln[1-c(1+ee)]/\ln[1-c(1-ee)]$$

(c 代表 PO 的转化率，ee 为聚合物经降解后生成的环状碳酸酯的光学纯度）

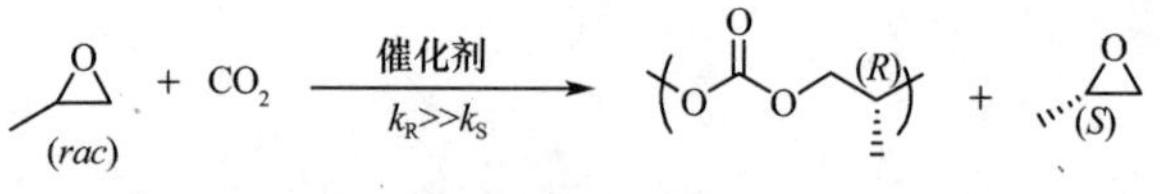

图 1.6 　 CO_2 与外消旋 PO 的不对称交替共聚反应

ig. 1.6 　 The asymmetric alternating copolymerization of CO_2 and *rac*-PO

1.3　可能的反应机理

尽管 CO_2 与环氧烷烃共聚反应机理的很多细节至今还不是很清楚，但是共聚反应的基本过程——配位/插入机理已经被广泛接受（图 1.7）。在交替共聚过程中，CO_2 能够插入烷氧金属键，生成碳酸金属键，之后环氧烷烃经配位活化后，会发生开环反应插入到碳酸金属键中，再次生成烷氧金属键，完成一次重复单元的增长。增长的碳酸酯链也可以通过分子内环消除反应，生成热力学更稳定的环状碳酸酯。

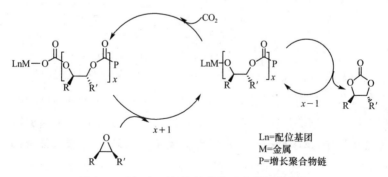

图 1.7　CO_2 与环氧烷烃共聚反应的可能机理

Fig. 1.7　Possible mechanism of CO_2/epoxide copolymerization

2 CO_2 与环氧烷烃共聚的催化剂发展历程

自从 1969 年 CO_2 与环氧烷烃共聚反应被发现以来，50 年间该研究领域取得了长足的进展。开发高效的催化剂一直备受关注。从早期的非均相催化剂到目前的均相催化剂，无论是催化活性、选择性还是聚合产物的分子量和分子量分布控制都有较大的提高。本章将通过这两种催化体系，对 CO_2 与环氧烷烃共聚反应的研究进展进行简要的概述。

2.1 非均相催化剂

在早期的研究中，发现 H_2O[6,11]、间苯二酚[12-13]、二羧酸[14] 和伯胺[15]与等物质的量 $ZnEt_2$ 组成的混合物都可以顺利地催化 CO_2 与 PO 的共聚反应，转化频率（TOF 值）分别为 0.12、0.17、0.43 和 0.06 h^{-1}。但是，等物质的量的单质子化合物（如甲醇）与 $ZnEt_2$ 组成的混合物却对共聚反应没有任何催化活性。当加入两倍物质的量的一元醇时，也只能生成环状碳酸酯。在 Inoue 等的研究工作基础上，Kuran 等采用一系列含不同取代基的苯酚作为助催化剂，与 $ZnEt_2$ 共同催化 CO_2 与 PO 的共聚反应[16-17]，发现取代基的电子和位阻效应都对催化活性有着重要的影响。其中，$ZnEt_2$/4-溴焦酚的催化活性最高，在 35 ℃，CO_2 压力为 6.0 MPa 下，反应 45 h，TOF 值为 0.3 h^{-1}。

虽然 $ZnEt_2$ 与含活泼氢的化合物组成的催化体系能实现 CO_2 和环氧烷烃的共聚反应，但催化活性、聚合物选择性以及产物的分子量和分子量分布都不能令人满意。开发高效的催化体系就成为此后一段时期的研究重点。在此期间，涌现出大批新型的非均相催化剂，如羧酸锌[18-20]、双金属氰化物[21-23]以及含稀土金属盐的三元体系[24-26]。这些非均相催化剂制备相对简单，原料廉价易得，对空气和水分的敏感性低，在工业生产上具有较强的竞争力。但是，由于非均相催化剂所固有的特征，用于催化 CO_2 和环氧烷烃的共聚反应时仍然存在很多缺陷和问题。例如，非均相体系中只含有小部分金属位点可以对环氧烷烃起到活化作用，导致催化活性相对较低，催化剂的用量也比较大；共聚反应往往需要在很高的 CO_2 压力下反应较长的时间；活性位点的多样性又使得聚合物分子量分布较宽。随后，大部分的课题组都将注意力集中在研发高效的均相催化剂上。

2.2 均相催化剂

均相催化剂具有活性高、结构明确、可以实现立体选择性调控聚合以及能够研究反应机理等优点。以下将根据不同的金属形成的配合物，对有代表性的均相催化体系进行逐一介绍。

2.2.1 铝配合物催化剂

1978年,Inoue课题组报道了卟啉铝配合物催化CO_2与环氧烷烃的共聚反应[27],这是首例用于该反应的均相催化剂(图2.1),标志着CO_2与环氧烷烃的共聚反应进入一个新的阶段。在20 ℃,0.8 MPa的CO_2压力下,四苯基卟啉铝配合物(TPPAlX)作为催化剂,CO_2与PO共聚反应的速率很慢,反应需要进行12~23 d,所得聚碳酸酯的分子量很低,然而聚碳酸酯的分子量却呈现出窄分布,分布系数(PDI)仅为1.15。这说明在该催化剂作用下,CO_2和环氧烷烃的交替共聚反应呈现活性聚合的特征。

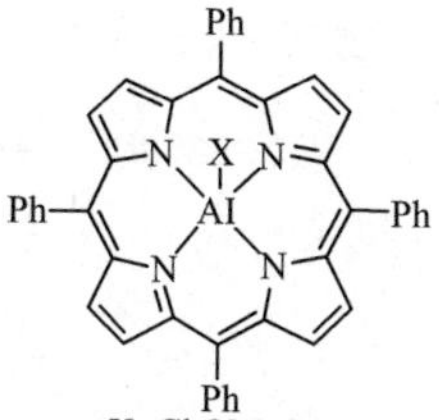

图2.1 催化CO_2与环氧烷烃共聚反应的卟啉铝配合物

Fig. 2.1 Aluminum porphyrins for copolymerization of CO_2 and epoxides

Inoue课题组在随后的研究中发现,反应体系加入季铵盐或季鳞盐作为助催化剂,不仅可以大幅度地提高卟啉铝配合物的催化活性,还可以使碳酸酯单元含量提高到99%以上[28]。但所得聚合物分子量依然偏低,而且易于形成环状碳酸酯。Inoue等认为聚合过程中存在的链转移反应是造成分子量偏低的原因,并提出了"不朽聚合"的学说[29]。不朽聚合与活性聚合的区别在于多条聚合物链可以在同一金属中心上增长,而且链转移速率远大于链增长速率,从而得到分子量较低但分子量分布较窄的聚合物。

2.2.2 锌配合物催化剂

1995年,Darensbourg等报道了结构明确的酚氧基锌配合物用于催化CO_2与环氧环己烷(CHO)的共聚反应[30],这是继卟啉铝配合物催化剂后的又一次重要进步(图2.2)。这类配合物在酚氧基的邻位引入位阻性取代基,能在醚类溶剂中以单分子形式存在,并可溶于多种溶剂和环氧烷烃中。在80 ℃和5.5 MPa的CO_2压力下,酚氧基锌配合物催化CO_2与CHO共聚反应所得聚合物的分子量高达38 000 g·mol^{-1},分子量分布为4.5,碳酸酯单元含量达到91%。通过考察酚氧基邻位取代基的位阻对反应的影响,发现邻位被甲基取代的配合物表现出最高的催化活性,反应进行24 h,TOF值为9.6 h^{-1}[31]。该作者认为,在酚基的邻位引入大位阻的取代基虽然能抑制配合物形成二聚体,但如果位阻过大则会影响环氧烷烃与金属的配位,不利于提高催化活性。于是,Darensbourg等又合成了含卤素的酚氧基锌配合物[32]。由于卤素取代基的位阻相对较小,催化剂以双核锌的结构存在。共聚反应的结果说明苯环取代基的电子效应对催化活性有重要的影响,取代基的吸电性越强,催化活性越高。其中,含氟取代的双核锌配合物展现出相对较高的催化活性,TOF值为7.6 h^{-1},所得聚合物的分子量为42 000 g·mol^{-1},碳酸酯单元含量高达99%。尽管卤素取代的酚氧基锌配合物的催化活性不及甲基取代物,但是其对水分没有烷基取代的配合物敏感,即使长时间暴露在空气中仍旧能保持好的催化活性。

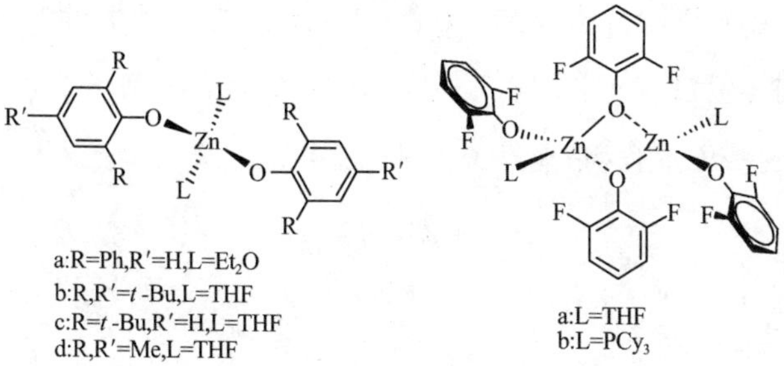

a:R=Ph,R′=H,L=Et$_2$O
b:R,R′=t-Bu,L=THF
c:R=t-Bu,R′=H,L=THF
d:R,R′=Me,L=THF

a:L=THF
b:L=PCy$_3$

图 2.2 催化 CO$_2$ 与 CHO 共聚反应的酚氧基锌配合物

Fig. 2.2 Zinc phenoxide complexes for copolymerization of CO$_2$ and CHO

1998 年,Coates 课题组首次将 β-二亚胺锌配合物作为催化剂应用于 CO$_2$ 与环氧烷烃的共聚反应[33]。在比较温和的条件下(50 ℃和 0.7 MPa 的 CO$_2$ 压力),这类配合物展现出较高的催化活性,而且生成的聚合物也有较好的选择性。随后,该课题组系统地研究了催化剂中配体的空间效应和电子效应对共聚反应的影响(图 2.3)[34-38]。结果表明:苯环邻位取代基的位阻对催化活性有着重要的影响,位阻较小的甲基取代的配合物不具有催化活性,而位阻稍大的异丙基或乙基取代的配合物则表现出较高的催化活性;催化剂配体的电子效应同样对共聚反应有重要的影响,引入强吸电取代基可以大幅度地提高催化活性。总结了这些规律后,Coates 课题组合成了氰基取代、具有不对称结构的 β-二亚胺锌配合物用于催化 CO$_2$ 与 CHO 的共聚反应。在 50 ℃和 0.7 MPa 的 CO$_2$ 压力下,反应进行 10 min 就可得到高分子量、窄分布的聚碳酸酯(M_n=22 000 g·mol^{-1},PDI=1.09~1.11),TOF 值最高可达 2 290 h^{-1},但是生成的聚合物中含有少量的 CHO 均聚产物[36]。2004 年,该课题组采用 β-二亚胺锌配合物催化 CO$_2$ 与含有烯烃结构的环氧环己烷共聚反应,制备了功能化的聚碳酸酯[39]。2008年,他们还通过 CO_2/CHO/二甘醇酐的共聚反应,制备了含有碳酸酯链段的嵌段聚合物,提供了一种新型的可生物降解材料[40]。

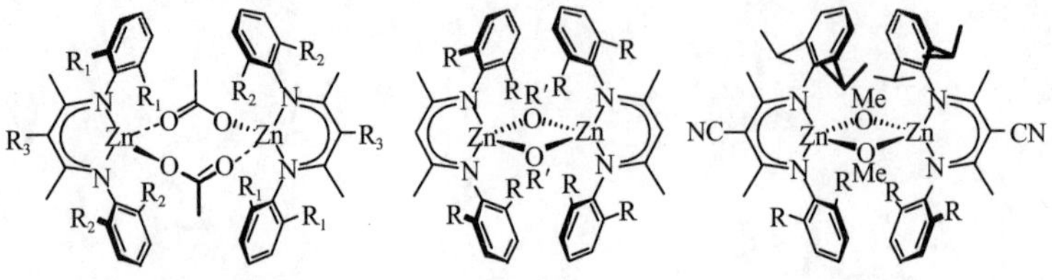

a:R_1,R_2=i-Pr,R_3=H
b:R_1,R_2=Et,R_3=H
c:R_1=i-Pr,R_2=Et,R_3=H
d:R_1,R_2=Et,R_3=CN
e:R_1=i-Pr,R_2=Et,R_3=CN

a:R=i-Pr,R'=Me
b:R=Et,R'=Me
c:R=i-Pr,R'=i-Pr
d:R=Et,R'=i-Pr

a:R=Et
b:R=Me

图 2.3 催化 CO_2 与环氧烷烃共聚反应的 β-二亚胺锌配合物

Fig. 2.3 β-Diiminate-zinc complexes for copolymerization of CO_2 and epoxides

2.2.3 铬配合物催化剂

手性的 SalenCr(Ⅲ)X 配合物可用于催化环氧烷烃的不对称开环反应,得到具有较高光学纯度的产物[41](图 2.4)。但是直到 2000 年,Jacobsen 等才首次报道了 SalenCr(Ⅲ)X 配合物催化 CO_2 与环氧烷烃的共聚反应[42]。随后,Darensbourg 课题组针对 Salen-Cr(Ⅲ)X 配合物催化体系开展了大量的研究工作,详细考察了配体的空间与电子效应、助催化剂、轴向配体和反应压力对 CO_2 与CHO 共聚反应的影响[43-50]。他们发现,SalenCr(Ⅲ)X 配合物单独作为催化剂时,反应速率较慢,产物选择性也较差;当反应体系中加入有机碱或季铵盐作为助催化剂时,反应速率和产物选择性会大幅度提高,而且随着助催化剂提供电子能力的加强,反应速率也随之提高。另外,二胺骨架上取代基的空间位阻对催化活性有较大的影响,如引入大位阻的叔丁基时,将抑制单体与中心金属的配位,不利于反应的进行。苯环上的取代基的电子效应对催化活性也有影响,如引入供电子能力较强的甲氧基时,有利于轴向配体从中心金属的解离,提高其催化活性。另外,轴向配体的亲核性越强,越有利于进攻活化的环氧烷烃,提高反应速率。

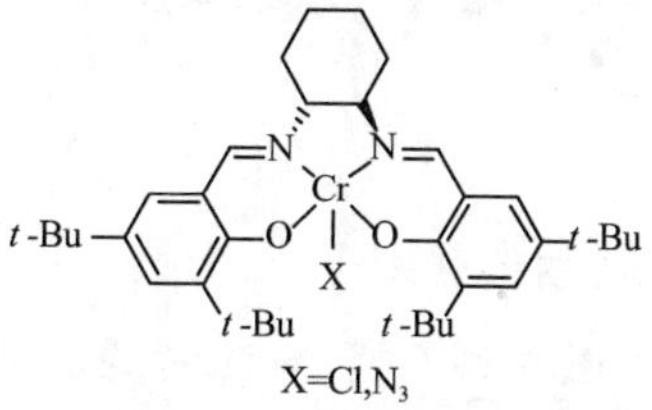

图 2.4　手性 SalenCr(Ⅲ)X 配合物

Fig. 2.4　Chiral SalenCr(Ⅲ)X complexes

Rieger 课题组采用 SalenCr(Ⅲ)X 配合物作为催化剂着重研究了 CO_2 与 PO 的交替共聚反应(图 2.5)。当催化体系中加入助催化剂 N,N-4-二甲氨基吡啶(DMAP)时,在 75 ℃和 3.5 MPa 的 CO_2 压力下,TOF 值为 226 h^{-1}[51]。他们通过条件实验发现,DMAP 与 SalenCr(Ⅲ)X 配合物的比例是影响产物选择性的关键因素。加入 50%倍的 DMAP 时,聚合物的选择性最好(聚合物/环状产物=154/34);增大 DMAP 的比例时,产物中聚合物的含量明显下降;当加入两倍 DMAP 时,反应完全生成环状碳酸酯。Rieger 等认为,增长的碳酸酯链与中心金属存在着配位解离平衡。当强配位能力的 DMAP 含量增加时,阻碍了碳酸酯链与中心金属之间的配位。而解离的碳酸酯链端氧负离子具有较强的亲核性,容易发生分子内的环消除反应,生成环状碳酸酯。

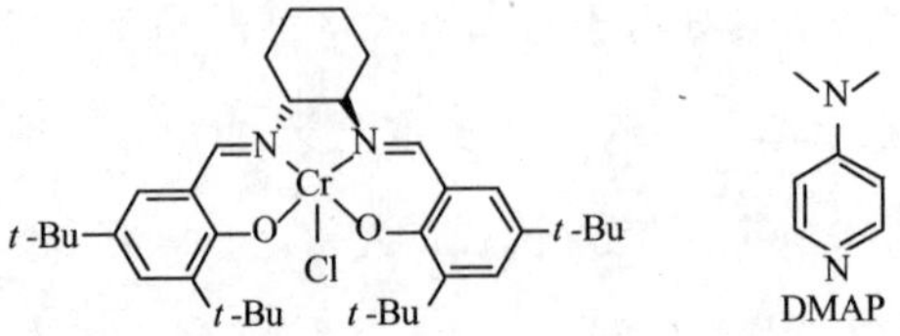

图 2.5 催化 CO_2 与 PO 共聚反应的 SalenCr(Ⅲ)X 配合物/DMAP 催化体系

Fig. 2.5 SalenCr(Ⅲ)X/DMAP catalyst system for copolymerization of CO_2 and PO

2.2.4 稀土配合物催化剂

虽然稀土金属可以实现 CO_2 与环氧烷烃的共聚反应[52],但是具有单活性位点的稀土金属配合物用于该反应的研究并不多见。直到 2005 年,才由 Hou 课题组合成了单茂稀土金属配合物,并用于 CO_2 与 CHO 的交替共聚反应[53](图 2.6)。该配合物展现出当时最高的催化活性,TOF 值为 3 693 h^{-1}。但是,该配合物也容易引发 CHO 的均聚反应,使得生成的聚合物中碳酸酯单元含量不高,而且分子量分布较宽。

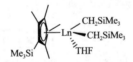

图 2.6 催化 CO_2 与 CHO 共聚反应的均相稀土金属配合物

Fig. 2.6 The homogeneous rare earth metal complex for copolymerization of CO_2 and CHO

通过以上的介绍可以看出,虽然这些均相催化剂可以实现 CO_2 与 CHO 的共聚反应,并能展现出一定的催化活性,但是并不能有效地催化 CO_2 与端位环氧烷烃(如 PO)的共聚反应。直到 Salen 型钴配合物的出现,才解决了这一难题。

2.3 三价钴配合物催化 CO_2 与环氧烷烃交替共聚反应的研究进展

1997年,哈佛大学 Jacobsen 课题组采用手性 SalenCo(Ⅲ)X 配合物成功地对端位环氧烷烃进行水解动力学拆分,获得了高对映体纯度的环氧烷烃和二醇类产物,动力学拆分常数(k_{rel})最高可达 500[54](图 2.7)。这一重要成果对环氧烷烃的不对称合成化学具有开创性的意义,世界多个研究组对此产生浓厚的兴趣,不断地对 SalenCo(Ⅲ)X 配合物进行修饰或与不同助催化剂组成新的催化体系,用于 CO_2 与环氧烷烃的交替共聚反应。本节根据不同的 SalenCo(Ⅲ)X 配合物催化体系,对该共聚反应的研究进展进行详细的阐述。

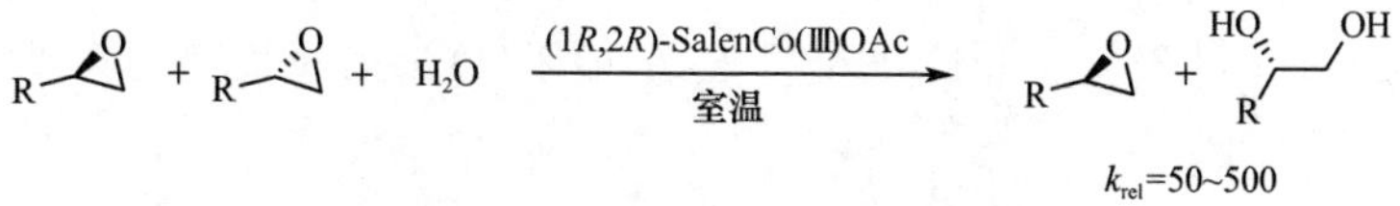

图 2.7 外消旋端位环氧烷烃的水解动力学拆分

Fig. 2.7 Hydrolytic kinetic resolution of racemic terminal epoxides

2.3.1 三价钴配合物单独作为催化剂

2003年,Coates 课题组首次报道了 (1R,2R)-SalenCo(Ⅲ)OAc 配合物催化 CO_2 与外消旋 PO 的交替共聚反应(图 2.8),在 25 ℃ 和 5.5 MPa 的 CO_2 压力下,TOF 值最高可达 81 h^{-1}[55]。升高反应温度或降低反应压力都会使 SalenCo(Ⅲ)OAc 配合物失去催化活性。虽然催化活性不是当时的最高值,但聚合物的选择性高达 99% 以上,另外反应的区域选择性也较好,聚碳酸酯的头尾连接单元含量可达 80%。

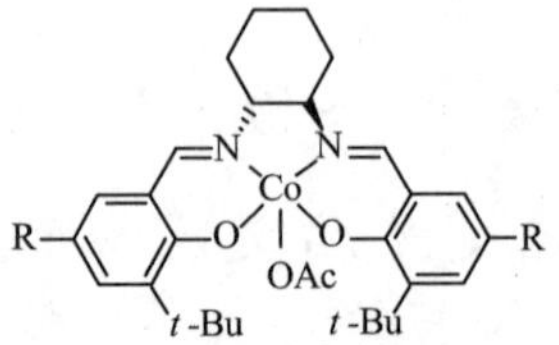

图 2.8 单独作为催化剂催化 CO_2 与 PO 共聚反应的 SalenCo(Ⅲ)X 配合物

Fig. 2.8 SalenCo(Ⅲ)X complexes alone as catalysts for copolymerization of CO_2 and PO

2.3.2 三价钴配合物/季铵盐或大位阻有机碱双组分催化体系

2004 年,大连理工大学吕小兵课题组以手性 SalenCo(Ⅲ)X 配合物为主催化剂,以季铵盐 n-BuN$_4$Y 为助催化剂(图 2.9),在温和的条件下(25 ℃和 2.0 MPa 的 CO_2 压力),高效地催化 CO_2 与外消旋 PO 的交替共聚反应,直接得到具有光学活性的聚碳酸酯,TOF 值最高可达 257 h^{-1},动力学拆分常数为 2.8~3.5,聚合物选择性以及碳酸酯的单元含量均超过 99%。除此之外,该催化体系还提高了共聚反应的区域选择性,首次得到头尾连接单元含量为 96% 的 PPC[56]。

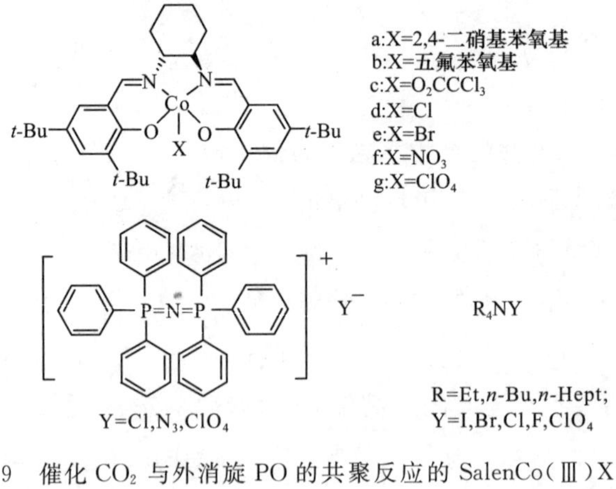

图 2.9 催化 CO_2 与外消旋 PO 的共聚反应的 SalenCo(Ⅲ)X 配合物/季铵盐双组分催化体系

Fig. 2.9 SalenCo(Ⅲ)X/quaternary ammonium salt binary catalyst system for copolymerization of CO_2 and rac-PO

含有季铵盐单元的新型 SalenCo(Ⅲ)X 配合物(图 2.14(a))。该配合物可以在高温(90 ℃)、低催化剂浓度([Co]/[PO]=1/25 000)下,以较高的催化活性(3 500 h^{-1})实现 CO_2 与 PO 的交替共聚反应[62]。在此之前的双组分催化体系,在高温或低催化剂浓度下的条件下,几乎没有活性。究其原因,该作者认为双功能催化剂中,连接在配体上的季铵盐正离子与从中心金属离子上解离的碳酸酯链端负离子通过库仑力相互作用,使得聚碳酸酯链增长单元始终保持在中心金属周围,以便更有效地亲核进攻配位活化的 PO。在此基础上,Lee 等又通过引入更多的季铵盐单元合成了新的双功能催化剂[63](图 2.14(b))。其中,苯环酚氧基邻位取代基为甲基的 SalenCo(Ⅲ)X 配合物在更低的催化剂浓度([Co]/[PO]=1/100 000)下,催化 CO_2 与 PO 的交替共聚反应得到目前最高的 TOF 值(22 000 h^{-1}),同时聚合物的分子量高达 285 000 g·mol^{-1}。由于配合物中含有多个季铵盐,其阳离子可以与硅胶中的氧负离子结合,当共聚反应结束后,反应液可以通过用硅胶过滤的简单方法,很容易地实现催化剂的回收,且回收后重复使用的催化活性几乎没有下降。

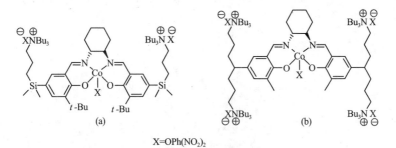

图 2.14 催化 CO_2 与 PO 共聚反应的高活性 SalenCo(Ⅲ)X 催化剂

Fig. 2.14 Highly active SalenCo(Ⅲ)X catalyst for copolymerization of CO_2 and PO

3 单一组分三价钴催化剂的开发及其催化行为

通过上一章的介绍可知,目前各国的科研工作者已经开发出多种优良的催化剂,以较高的活性和选择性实现了 CO_2 与环氧烷烃交替共聚反应。然而,催化剂用量大的问题一直没有得到较好的解决。作者基于对三价钴配合物催化该共聚反应机理的理解,设计合成出单一组分的三价钴配合物(图 3.1),在较低的催化剂用量下,使该共聚反应达到较高的活性和优良的聚合物选择性。本章将详细地介绍该催化剂的设计合成和催化行为。

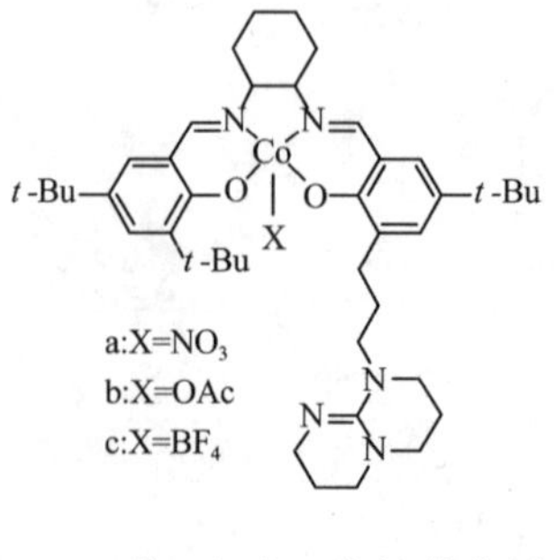

图 3.1 单一组分三价钴催化剂 Ⅰ

Fig 3.1 The single-component Co(Ⅲ)-catalyst Ⅰ

3.1 单一组分三价钴催化剂的合成

3.1.1 配体和配合物合成路线的选择

(1) 配体 L_I 的合成

以 4-叔丁基苯酚为起始原料,经甲酰基化反应、引入保护基、Doebner 反应、还原反应和卤代反应得到中间体 7,再与 TBD 反应、脱去保护基和醛基化反应得到功能化的水杨醛 10,最后和环己二胺单盐酸盐与 3,5-二叔丁基水杨醛的缩合产物反应得到配体L_I(图 3.2)。从配体的合成路线可以看出,化合物 7 的合成是关键步骤。

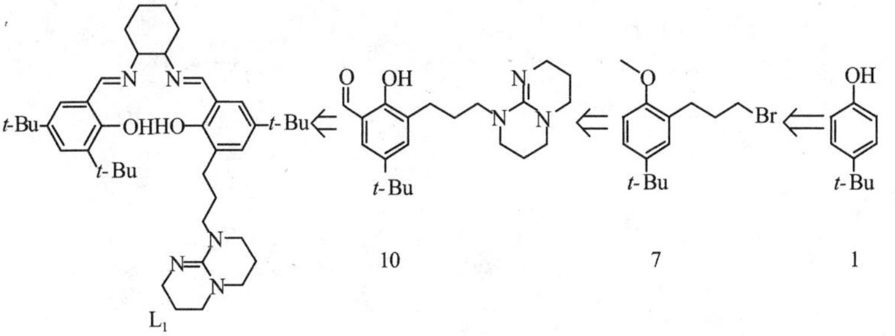

图 3.2 配体 L_I 合成路线的设计

Fig. 3.2 The design of synthetic route of ligand L_I

配体 L_I 合成路线的最初设计中,并没有采用对酚羟基进行保护,而在实验过程中发现,溴代产物与 TBD 反应时,会发生分子内的闭环反应(图 3.3),影响目标产物的收率。因此,采用甲基为酚羟基保护基,后经三溴化硼脱去。

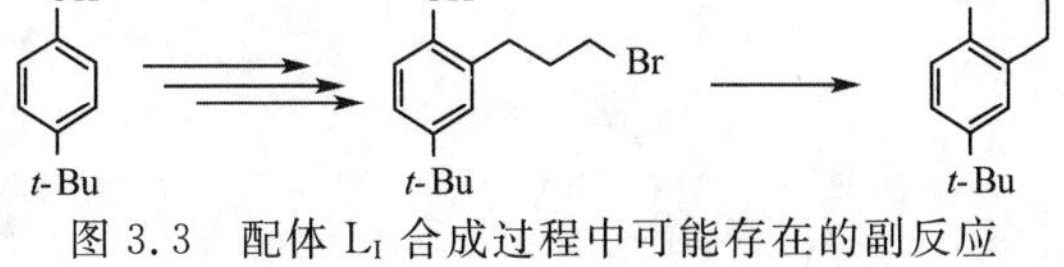

图 3.3 配体 L_I 合成过程中可能存在的副反应

Fig. 3.3 The possible side reactions during the procedure for synthesis of ligand L_I

(2) 配合物 Ⅰa-Ⅰc 的合成

SalenCo(Ⅲ)X 配合物的合成方法较为成熟,通常是将溶有 Co(OAc)$_2$ 的甲醇溶液滴加至 Salen 配体中,生成砖红色的 SalenCo(Ⅱ),并以沉淀的形式从反应液中析出,再经氧化得到 SalenCo(Ⅲ)X 配合物。由于合成的配体 L$_1$ 中含有有机碱,与 Co(OAc)$_2$ 反应后生成的 SalenCo(Ⅱ) 不能以沉淀的形式从反应液中析出。于是,直接在反应液中加入 LiCl 并通入氧气,生成轴向配体为 Cl$^-$ 的 Co(Ⅲ) 配合物,再与 AgX(X=NO$_3$,OAc,BF$_4$)反应,即可得到配合物 Ⅰa-Ⅰc。

3.1.2 配体和配合物的合成及表征

(1) 配体 L$_1$ 的合成(见图 3.4)

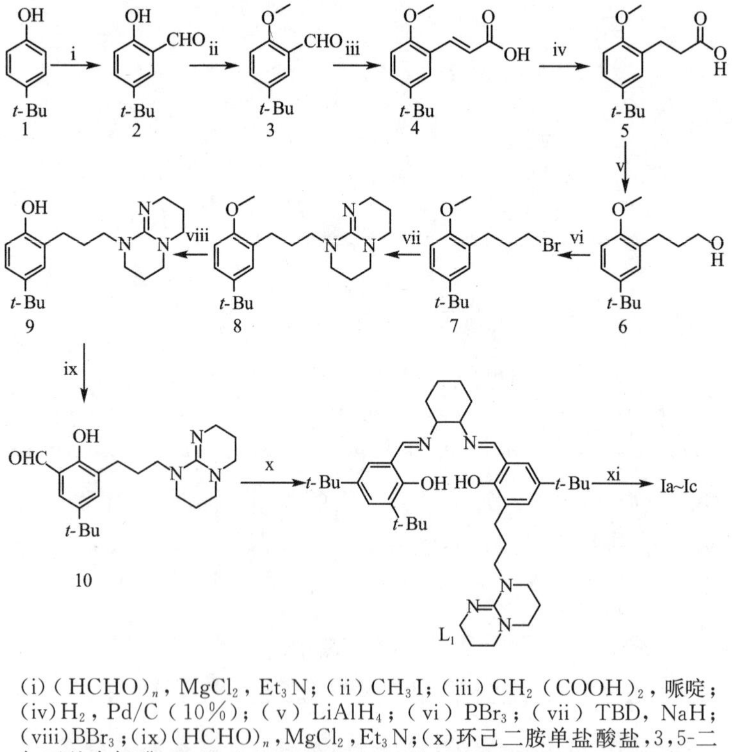

(i) (HCHO)$_n$,MgCl$_2$,Et$_3$N;(ii) CH$_3$I;(iii) CH$_2$(COOH)$_2$,哌啶;(iv) H$_2$,Pd/C (10%);(v) LiAlH$_4$;(vi) PBr$_3$;(vii) TBD,NaH;(viii) BBr$_3$;(ix) (HCHO)$_n$,MgCl$_2$,Et$_3$N;(x) 环己二胺单盐酸盐,3,5-二叔丁基水杨醛,Et$_3$N;(xi) Co(OAc)$_2$,LiCl,AgX(X=NO$_3$,OAc,BF$_4$)

图 3.4 配体和配合物的合成路线

Fig. 3.4 Synthetic route of ligand and complexes

3 单一组分三价钴催化剂的开发及其催化行为

化合物 5-叔丁基-2-羟基苯甲醛(2):氮气保护下,4-叔丁基苯酚(1)(30.0 g,0.20 mol)溶于 500 mL 精制四氢呋喃中,加入精制三乙胺(55.2 mL,0.40 mol)和无水氯化镁(38.0 g,0.40 mol),室温下搅拌 15 min 后,加入多聚甲醛(30.0 g,1.0 mol),升温至回流反应 5 h,TLC 跟踪反应至原料无剩余,停止反应。待反应液冷却至室温后,加入 500 mL 水,二氯甲烷萃取(200 mL×4)。合并的有机相经饱和氯化钠洗涤(500 mL×1),无水硫酸钠干燥,减压除去溶剂得粗产品。应用柱色谱法(硅胶柱;展开剂:石油醚/乙酸乙酯=10/1)分离提纯,得到产物 5-叔丁基-2-羟基苯甲醛(2),为淡黄色液体(产量:33.8 g;产率:95.2 %)。

化合物 5-叔丁基-2-甲氧基苯甲醛(3):500 mL 圆底烧瓶中,将化合物 2(26.7 g,0.15 mol)和无水碳酸钾(29.0 g,0.21 mol)溶于 300 mL 精制 N,N-二甲基甲酰胺中,加入碘甲烷(12.3 mL,0.21 mol),室温下反应 4 h。TLC 跟踪反应至原料无剩余,停止反应,缓慢加入 200 mL 1 mol/L 氢氧化钠溶液,充分搅拌后移入分液漏斗中,用乙酸乙酯萃取(100 mL×3)。合并的有机相经饱和氯化钠洗涤(200 mL×3)、无水硫酸钠干燥后,减压除去溶剂得粗产物。应用柱色谱法(硅胶柱;展开剂:石油醚/乙酸乙酯=10/1)分离提纯,得到产品 5-叔丁基-2-甲氧基苯甲醛(3),为淡黄色油状产物(产量:27.0 g;产率:94.1%)。^{1}H NMR(400 MHz,CDCl$_3$):δ 10.47(s,1H),7.85(s,1H),7.60(d,J=8.8 Hz,1H),6.93(d,J=8.8 Hz,1H),3.91(s,3H),1.31(s,9H)。

化合物 3-(5-叔丁基-2-甲氧基苯基)丙烯酸(4):250 mL 圆底烧瓶中依次加入化合物 3(9.7 g,0.05 mol)、丙二酸(10.4 g,0.10 mol)和哌啶(2.2 mL),再加入 70 mL 吡啶将其溶解,生成亮黄色溶液。反应液加热到85 ℃,反应2.5 h,然后再升温至105 ℃,反应3 h,生成淡黄色溶液。停止反应,反应液冷却至室温后,缓慢加入至300 mL 1 mol/L 的盐酸溶液,生成淡黄色固体。经水多次打浆洗涤,得到产品 3-(5-叔丁基-2-甲氧基苯基)丙烯酸(4),为白色固体(产量:9.9 g;产率:99.2%)。^{1}H NMR(400 MHz,CDCl$_3$):δ 8.09(d,J = 16.0 Hz,1H),7.54(s,1H),7.40(d,J = 8.8 Hz,1H),6.87(d,J = 8.8 Hz,1H),6.59(d,J = 16.0 Hz,1H),3.88(s,3H),1.32(s,9H)。HRMS(m/z) Calcd. for [C$_{14}$H$_{17}$O$_3$]$^-$:233.117 8,found:233.116 1。

化合物 3-(5-叔丁基-2-甲氧基苯基)-丙酸(5):高压釜中加入化合物 4(9.9 g,0.042 mol)和 50 mL 乙醇,待其完全溶解之后,加入 10%Pd/C 催化剂(0.50 g),充入氢气(0.5 MPa),室温搅拌反应2 h。停止反应,过滤除去 Pd/C 催化剂,减压除去溶剂得到产品 3-(5-叔丁基-2-甲氧基苯基)-丙酸(5),为白色固体(产量:9.9 g;产率:99.1%)。^{1}H NMR(400 MHz,CDCl$_3$):δ 7.18~7.19(m,2H),6.77(d,J = 8.0 Hz,1H),3.80(s,3H),2.94(t,J = 8.0 Hz,2H),2.66(t,J = 8.0 Hz,2H),1.29(s,9H)。HRMS(m/z)Calcd. for [C$_{14}$H$_{19}$O$_3$]$^-$:235.133 4,found:235.132 6。

化合物 3-(5-叔丁基-2-甲氧基苯基)-1-丙醇(6):250 mL 圆底烧瓶中加入氢化铝锂(3.6 g,0.095 mol)和 60 mL 精制乙醚,冷却至 0 ℃,缓慢滴加溶有化合物 5(9.0 g,0.038 mol)的 40 mL 精制乙醚。待滴加完毕,将反应液加热回流,反应 24 h 后冷却至 0 ℃,缓慢加入少量的水以淬灭未反应的氢化铝锂,产生大量气泡,并生成白色固体,抽滤,并用乙酸乙酯洗涤滤饼,滤液经无水硫酸钠干燥后,减压除去溶剂得产物 3-(5-叔丁基-2-甲氧基苯基)-1-丙醇(6),为淡黄色的油状物(产量:7.4 g;产率:86.9%)。^{1}H NMR(400 MHz,CDCl$_3$):δ 7.18~7.20(m,2H),6.77(d,J=8.4 Hz,1H),3.90(s,3H),3.60(t,J=7.4 Hz,2H),2.69(t,J=7.4 Hz,2H),1.84(m,2H),1.30(s,9H)。HRMS(m/z)Calcd. for [C$_{14}$H$_{23}$O$_2$]$^+$:223.169 8,found:223.168 9。

化合物 2-(3-溴丙基)-4-叔丁基苯甲醚(7):100 mL 圆底烧瓶中,将化合物 6(3.2 g,0.014 mol)溶于 50 mL 精制甲苯中,加入三溴化磷(2.7 mL,0.028 mol),升温到 110 ℃,反应 3 h。停止反应,冷却至室温后,反应液缓慢加入至水中,搅拌 0.5 h,分出有机相,水相用二氯甲烷萃取(50 mL×3),合并有机相,分别经饱和碳酸氢钠溶液(250 mL×1)和饱和氯化钠洗涤(250 mL×1),无水硫酸钠干燥,减压除去溶剂得粗产物。应用柱色谱法(硅胶柱;展开剂:石油醚/乙酸乙酯=10/1)分离提纯,得到产物 2-(3-溴丙基)-4-叔丁基苯甲醚(7),为无色油状物(产量:2.6 g;产率:63.2 %)。^{1}H NMR(400 MHz,CDCl$_3$):δ 7.18~7.19(m,2H),6.77(d,J=8.4 Hz,1H),3.83(s,3H),3.30(t,J=7.4 Hz,2H),2.56(t,J=7.4 Hz,2H),2.14(m,2H),1.34(s,9H)。HRMS(m/z)Calcd. for [C$_{14}$H$_{22}$BrO]$^+$:286.084 4,found:286.086 4。

化合物 4-叔丁基-2-(3-(TBD 基)丙基)苯甲醚(8):100 mL 圆底烧瓶中加入氢化钠(1.1 g,0.045 mol)和 30 mL 精制四氢呋喃,冷却至 0 ℃,缓慢滴加溶有 TBD(1.5 g,0.011 mol)的 10 mL 精制四氢呋喃。待滴加完毕,升至室温,继续反应 2 h,滴加溶有化合物 7(2.6 g,0.009 mol)的 10 mL 精制四氢呋喃。待滴加完毕,升至室温,再反应 24 h,直至无原料剩余。过滤除去反应液中不溶物,减压除去溶剂得粗产物,为橘黄色油状物。将该粗产物溶于少量的乙酸乙酯中,加入 40 mL 2 mol/L 的稀盐酸,剧烈搅拌 0.5 h。分出水相,有机相用水萃取(20 mL×3),合并水相,缓慢加入碳酸氢钠固体使其碱化,用二氯甲烷萃取(50 mL×3)。合并的有机相经饱和氯化钠洗涤(200 mL×1),无水硫酸钠干燥,减压除去溶剂得产物 4-叔丁基-2-(3-(TBD 基)丙基)苯甲醚(8),为白色固体(产量:1.5 g;产率:50.2 %)。^{1}H NMR(400 MHz,CDCl$_3$):δ 7.26(s,1H),7.17(d,J=8.4 Hz,1H),6.75(d,J=8.4 Hz,1H),3.79(s,3H),3.72(t,J=7.4 Hz,2H),3.53~3.55(m,2H),3.29~3.35(m,6H),2.74(t,J=7.4 Hz,2H),1.93~2.05(m,6H),1.29(s,9H)。HRMS(m/z)Calcd. for [C$_{21}$H$_{34}$N$_3$O]$^+$:344.270 2,found:344.271 0。

化合物 4-叔丁基-2-(3-(TBD 基)丙基)苯酚(9):氮气保护下,将化合物 8(1.4 g,0.004 mol)溶于 50 mL 精制二氯甲烷中,冷却至−78 ℃,缓慢滴加溶有三溴化硼(2.1 mL,0.02 mol)的 10 mL 二氯甲烷,待滴加完毕后,保持−78 ℃反应 1 h,然后升至室温反应 12 h。将反应液缓慢加入至饱和碳酸氢钠溶液中,保持溶液呈碱性,分出有机相,水相用二氯甲烷萃取(50 mL×3)。合并的有机相经饱和氯化钠洗涤(200 mL×1),无水硫酸钠干燥,减压除去溶剂得粗产物。应用柱色谱法(硅胶柱;展开剂:二氯甲烷/甲醇=10/1)分离提纯,得到产物 4-叔丁基-2-(3-(TBD 基)丙基)苯酚(9),为白色固体(产量:1.1 g;产率:79.8%)。^{1}H NMR(400 MHz,CDCl$_3$):δ 7.05(d,J=8.4 Hz,1H),7.01(s,1H),6.90(d,J=8.4 Hz,1H),3.57(t,J=8.0 Hz,2H),3.45~3.47(m,2H),3.26~3.35(m,6H),2.76(t,J=8.0 Hz,2H),2.01(m,2H),1.87~1.96(m,4H),1.26(s,9H)。HRMS(m/z)Calcd. for [C$_{20}$H$_{32}$N$_3$O]$^+$:

3 单一组分三价钴催化剂的开发及其催化行为

330.254 5,found:330.256 0。

化合物 5-叔丁基-3-(3-(TBD 基)丙基)-2-羟基苯甲醛(10):氮气保护下,化合物 9(1.1 g,0.003 mol)溶于 50 mL 精制四氢呋喃中,加入精制三乙胺(0.83 mL,0.006 mol)和无水氯化镁(0.57 g,0.006 mol),室温下搅拌 15 min 后,加入多聚甲醛(0.45 g,0.015 mol),升温至回流反应 3 h,TLC 跟踪反应至原料无剩余,停止反应。待反应液冷却至室温后,加入 50 mL 水,二氯甲烷萃取(50 mL×4)。合并的有机相经饱和氯化钠洗涤(200 mL×1),无水硫酸钠干燥,减压除去溶剂得粗产品。应用柱色谱法(硅胶柱;展开剂:二氯甲烷/甲醇=10/1)分离提纯,得到产物 5-叔丁基-3-(3-(TBD 基)丙基)-2-羟基苯甲醛(10),为黄色固体(产量:0.79 g;产率:75.2 %)。^{1}H NMR(400 MHz,CDCl$_3$):δ 9.85(s,1H),7.53(s,1H),7.31(s,1H),3.66(t,J = 7.2 Hz,2H),3.45(t,J = 5.2 Hz,2H),3.23~3.30(m,6H),2.75(t,J = 7.6 Hz,2H),1.90~2.00(m,6H),1.24(s,9H)。^{13}C NMR(100 MHz,CDCl$_3$):δ 196.9,158.1,150.6,142.6,136.1,129.7,127.5,120.0,50.6,48.4,47.6,46.1,38.7,34.2,31.5,27.2,26.8,21.3,21.0。HRMS(m/z) Calcd. for [C$_{21}$H$_{32}$N$_3$O$_2$]$^+$: 358.249 5,found:358.251 2。

配体 L$_I$:100 mL 圆底烧瓶中,将环己二胺单盐酸盐(0.15 g,1.0 mmol)和 3,5-二叔丁基水杨醛(0.28 g,1.2 mmol)溶于 30 mL 无水甲醇,加入 5 A 分子筛。室温下反应 2 h 后,加入精制三乙胺(0.27 mL,2.0 mmol)和化合物 10(0.36 g,1.0 mmol),再补加 30 mL 乙醇,继续搅拌 4 h。停止反应,抽滤,滤饼用二氯甲烷洗涤,滤液经减压除去溶剂后得粗产品。应用柱色谱法(硅胶柱;展开剂:

石油醚/乙酸乙酯/三乙胺＝100/10/1)分离提纯,得到配体 L_1,为淡黄色固体(产量:0.56 g;产率:84.7%)。^{1}H NMR(400 MHz,CDCl$_3$): δ 13.76(s,1H),13.43(s,1H),8.32(s,1H),8.23(s,1H),7.31(s,1H),7.26(s,1H),7.00(s,1H),6.99(s,1H),3.71~3.76(m,2H),3.47~3.51(m,2H),3.21~3.37(m,8H),2.73~2.77(m,2H),1.46~2.00(m,12H),1.40(s,9H),1.38(s,9H),1.36(s,9H)。^{13}C NMR(100 MHz,CDCl$_3$): δ 165.6,165.4,158.0,156.7,150.4,141.0,139.9,136.4,130.4,128.1,126.7,126.0,125.6,117.8,117.4,72.8,71.9,50.5,48.2,47.4,45.8,38.5,34.9,34.0,33.8,33.5,33.0,31.4,31.3,29.4,26.9,26.8,24.3,24.2,21.1,20.8。HRMS(m/z)Calcd. for $[C_{42}H_{64}N_5O_2]^+$:670.5060,found:670.5093。

(2)配合物Ⅰa-Ⅰc的合成

配合物Ⅰa:50 mL 圆底烧瓶中,将配体 L_1(0.15 g,0.22 mmol)和脱去结晶水的醋酸钴(0.047 g,0.27 mmol)溶于 10 mL 无水甲醇中,室温搅拌反应 12 h。加入无水氯化锂(0.047 g,1.10 mmol),通入氧气,继续反应 12 h。停止反应,减压除去溶剂,残余物溶于 50 mL 二氯甲烷中,分别经饱和碳酸氢钠溶液(50 mL×3)和饱和氯化钠溶液(50 mL×3)洗涤。有机相经无水硫酸钠干燥后,减压除去溶剂。再将残余物溶于 10 mL 二氯甲烷中,加入硝酸银(0.045 g,0.27 mmol),避光反应 24 h。过滤除去不溶物,减压除去溶剂。粗产物用二氯甲烷和正己烷重结晶,得到配合物Ⅰa,为墨绿色固体(产量:0.16 g;产率 90.0%)。^{1}H NMR(400 MHz,DMSO-d_6): δ 7.98(s,1H),7.92(s,1H),7.50(s,1H),7.45(s,1H),7.42(s,1H),7.39(s,1H),3.57~3.59(m,2H),3.43~3.45(m,2H),

3.30~3.35(m,8H),2.98~3.06(m,4H),1.92~2.08(m,10H),1.75(s,9H),1.55~1.60(m,2H),1.31(s,9H),1.29(s,9H)。^{13}C NMR(100 MHz,DMSO-d_6):δ 165.1,164.8,162.6,161.6,150.6,142.1,137.3,136.3,134.5,132.0,129.5,129.2,129.1,118.9,118.7,70.0,69.7,50.1,47.8,47.3,46.4,39.0,36.0,34.0,33.9,32.0,31.9,30.8,29.9,29.8,28.3,27.9,24.7,21.0,20.8。HRMS(m/z) Calcd. for [$C_{42}H_{62}N_6O_5Co$]$^+$:789.4114,found:789.4099。

配合物Ⅰb:除用醋酸银替代硝酸银外,其余合成方法与配合物Ⅰa相同,产率88.2%。^{1}H NMR(400 MHz,DMSO-d_6):δ 7.94(s,1H),7.90(s,1H),7.29(s,1H),7.27(s,1H),7.16(s,1H),7.13(s,1H),3.54~3.57(m,2H),3.18~3.34(m,10H),2.89~3.08(m,4H),1.65~1.89(m,10H),1.67(s,9H),1.57(s,3H),1.48~1.52(m,2H),1.28(s,9H),1.24(s,9H)。^{13}C NMR(100 MHz,DMSO-d_6):δ 173.5,163.0,162.0,161.3,160.7,150.0,140.0,134.4,133.4,132.3,130.1,129.6,128.0,127.0,118.5,117.7,67.8,67.6,47.2,46.7,45.7,45.6,38.2,35.1,33.4,33.2,31.4,31.3,31.2,29.9,29.8,26.7,26.4,24.3,23.5,20.4,20.3。HRMS(m/z) Calcd. for [$C_{44}H_{65}N_5O_4Co$]$^+$:786.4290,found:786.4195。

配合物Ⅰc:除用四氟硼银替代硝酸银外,其余合成方法与配合物Ⅰa相同,产率80.3%。^{1}H NMR(400 MHz,DMSO-d_6):δ 7.95(s,1H),7.89(s,1H),7.50(s,1H),7.45(s,1H),7.38(s,1H),7.37(s,1H),3.58~3.60(m,2H),3.29~3.46(m,10H),2.99~3.06(m,4H),1.91~2.08(m,10H),1.75(s,9H),1.59~1.60(m,

2H),1.31(s,9H),1.30(s,9H)。^{13}C NMR(100 MHz,DMSO-d_6):
δ 164.6,164.3,162.0,159.9,150.1,141.5,136.7,135.7,133.9,
131.4,128.9,128.7,128.6,118.3,118.2,69.4,69.1,49.5,47.2,
46.7,45.8,38.4,35.5,33.5,33.4,31.4,31.3,30.2,29.4,29.3,
27.7,27.3,24,2,24.1,20.3,20.2。HRMS(m/z) Calcd. for
[$C_{42}H_{62}BF_4N_5O_2Co$]$^+$:814.4265,found:814.4274。

3.2 配合物Ⅰa-Ⅰc催化 CO_2 与 PO 的共聚反应

众所周知,五元的环状碳酸酯较线性聚碳酸酯具有更好的热力学稳定性。由于 CO_2 与端位环氧烷烃(如 PO)反应形成的聚碳酸酯和环状产物的反应活化能差别较小,所以,当反应在较高温度下进行时,很容易生成环状碳酸酯。此外,CO_2 与环氧烷烃共聚反应属于放热型反应,这就要求催化剂具有较好的热稳定性。因此,开发具有高热稳定性的催化剂,用于高活性、高选择性地催化 CO_2 与环氧烷烃的共聚反应就成为该领域研究的重点,也是难点。首先以分子内含大位阻有机碱 TBD 的 SalenCo(Ⅲ)X 配合物Ⅰa-Ⅰc 为催化剂,用于 CO_2 与 PO 的共聚反应(图 3.5),并考察轴向配体的亲核性、反应压力和反应温度对催化活性和聚合物选择性的影响。

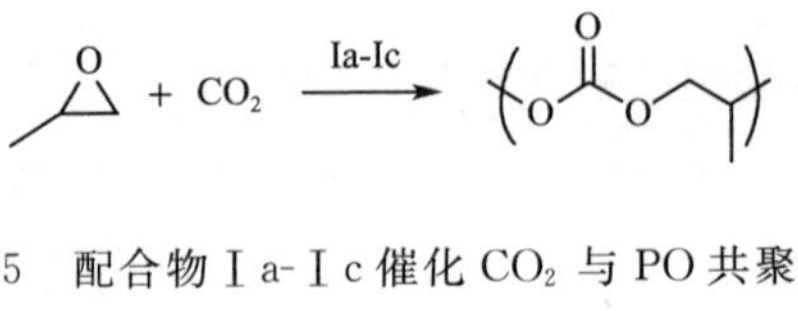

图 3.5 配合物Ⅰa-Ⅰc催化 CO_2 与 PO 共聚反应

Fig. 3.5 Copolymerization of CO_2 and PO catalyzed by complexes Ⅰa-Ⅰc

3.2.1 配合物 Ⅰa 催化 CO_2 与 PO 的共聚反应

配合物 Ⅰa 催化 CO_2 与 PO 的共聚反应的结果见表 3.1。

表 3.1　　配合物 Ⅰa 催化 CO_2 和 PO 共聚反应的结果
Tab. 3.1　Results of CO_2/PO copolymerization catalyzed by the complex Ⅰa

编号	$n(PO)/n(Ⅰa)$	时间/h	TOF 值/h^{-1}	PPC 选择性/%	M_n/(kg·mol^{-1})	PDI (M_w/M_n)
1	5 000	5.0	432	>99	112.4	1.09
2	10 000	6.0	410	>99	100.8	1.05
3	20 000	6.0	425	>99	114.6	1.06
4	5 000	30.0	167	>99	134.1	1.08

注 1：反应在纯 PO(14 mL,200 mmol)中,25 ℃、1.5 MPa CO_2 压力下进行。
注 2：编号 4：反应在有机溶剂 DME(V(DME)/V(PO)=2/1)存在下进行。

配合物 Ⅰa 在 PO 中具有良好的溶解性，故反应体系中不需要添加其他有机溶剂。在 25 ℃、1.5 MPa 的 CO_2 压力下，当 PO 与 Ⅰa 的物质的量比为 5 000 时，Ⅰa 能高效地催化 CO_2 与 PO 的共聚反应，TOF 值为 432 h^{-1}，聚合物的选择性及碳酸酯单元含量均>99%(编号 1)。在相同的反应条件下，双组分体系的催化活性仅为 75 h^{-1}。当增加 PO 与 Ⅰa 的物质的量比时，TOF 值几乎没有变化，聚合物的选择性及碳酸酯单元含量也保持>99%(编号 2,3)。另外，在有机溶剂乙二醇二甲醚(DME)的存在下，配合物 Ⅰa 还能实现 PO 的完全转化，聚合物的选择性依然超过 99%。

生成的聚合物虽然拥有较窄的分子量分布，但是数均分子量(M_n)低于理论值，而且经 GPC 表征呈现双峰分布(图 3.6)，这可能是由于反应体系中存在微量的水使得共聚过程中发生了链转移。进而采用 Karl-Fischer 法测定反应体系中水的含量，结果显示，PO 虽然经过严格的精制程序，但依然含有约 $25×10^{-6}$ 的水。

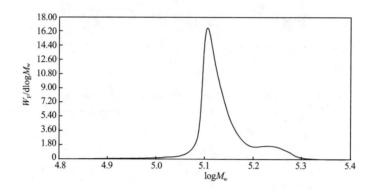

图 3.6 PPC 的 GPC 谱图(表 3.1,编号 1)

Fig. 3.6 GPC curve of PPC(Tab. 3.1, entry 1)

3.2.2 轴向配体的亲核性对共聚反应的影响

双组分催化体系中,SalenCo(Ⅲ)配合物轴向配体的亲核性对共聚反应有着重要的影响。采用具有不同亲核性轴向配体的配合物催化 CO_2 与 PO 的共聚反应(表 3.2),结果显示,在 25 ℃、1.5 MPa 的 CO_2 压力下,当 PO 与催化剂的物质的量比为 10 000 时,轴向配体由 NO_3^- 替换为亲核性更强的 OAc^- 时,TOF 值由 410 h^{-1} 增加到 612 h^{-1}(编号 1,2);而替换为几乎没有亲核性的 BF_4^- 时,TOF 值则下降为 10 h^{-1}(编号 3)。

表 3.2 轴向配体的亲核性对共聚反应的影响

Tab. 3.2 Effect of the nucleophilicity of the axial ligand on the copolymerization

编号	催化剂	时间/h	TOF 值/h^{-1}	PPC 选择性/%	M_n/(kg·mol^{-1})	PDI (M_w/M_n)
1	Ⅰa(X=NO_3)	6.0	410	>99	100.8	1.05
2	Ⅰb(X=OAc)	4.0	612	>99	134.6	1.09
3	Ⅰc(X=BF_4)	6.0	10	70	—	—

注:反应在纯 PO(n(PO)/n(催化剂)=10 000)中,25 ℃、1.5 MPa CO_2 压力下进行。

3.2.3 反应压力对共聚反应的影响

从节约能源的角度考虑,能在常温常压下实现 CO_2 与环氧烷烃共聚反应的催化剂备受青睐。采用配合物 I b 为催化剂,研究了反应压力对共聚反应的影响(表 3.3)。结果显示,该配合物可以在低压、甚至常压下高效催化 CO_2 与 PO 的共聚反应;更为重要的是,反应压力的降低并没有对聚合物选择性造成影响,而且聚碳酸酯的选择性依然高达 99% 以上。

表 3.3 反应压力对共聚反应的影响
Tab. 3.3 Effect of reaction pressure on the copolymerization

编号	压力/MPa	TOF 值/h^{-1}	PPC 选择性/%	M_n/(kg·mol^{-1})	PDI (M_w/M_n)
1	1.5	432	>99	112.4	1.09
2	0.6	428	>99	121.6	1.08
3	0.1	265	>99	73.1	1.10

注:反应在纯 PO($n(PO)/n($I b$)=10\,000$)中,25 ℃下反应 5 h。

3.2.4 反应温度对共聚反应的影响

反应温度对 CO_2 与 PO 的共聚反应有至关重要的影响。一般来说,反应温度越高,反应速率越快。但是在高温时,聚碳酸酯容易发生分子内的环消除反应,生成热力学更为稳定的环状碳酸酯。研究发现配合物 I b 展现出良好的热稳定性(表 3.4),当反应温度由 25 ℃升高至 90 ℃时,TOF 值从 612 h^{-1} 增加到 8 235 h^{-1}(编号 1~4);进而当反应温度升高至 100 ℃时,TOF 值超过 10 000 h^{-1},同时聚碳酸酯的选择性高达 97%(编号 5)。据作者所知,这是目前唯一能在 100 ℃下以如此高选择性实现 CO_2 与 PO 共聚反应的催化剂。

表 3.4　　　　　　　反应温度对共聚反应的影响

Tab. 3.4　Effect of reaction temperature on the copolymerization

编号	温度/℃	时间/h	TOF 值/h^{-1}	PPC 选择性/%	M_n/(kg·mol^{-1})	PDI (M_w/M_n)
1	25	4.00	612	>99	134.6	1.09
2	50	2.00	1 923	>99	148.7	1.12
3	80	0.50	6 290	98	101.2	1.18
4	90	0.25	8 235	98	85.4	1.15
5	100	0.25	10 882	97	60.2	1.23

注:反应在纯 PO(n(PO)/n(Ⅰb)=10 000)中,1.5～2.5 MPa CO_2 压力下进行.

另外,实验中还发现当反应温度升高时,所得聚合物的分子量分布变宽,M_n 值也相对有所下降。本课题组以前报道的双组分催化体系中也存在着类似的问题,即在反应数(TON)相同的前提下,随着反应温度的提高,PPC 的 M_n 值逐渐减少,而且分子量分布逐渐变宽。为了进一步解释这个问题,作者通过电喷雾质谱研究了配合物Ⅴ/MTBD 双组分体系催化 CO_2 与 PO 的共聚反应中,增长的聚合物链的引发端与反应温度的关系(图 3.7)。从图中可以看出,当反应温度为 25 ℃ 时,在反应开始阶段可以观察到物种 [MTBD+H^+](m/z=154),[MTBD+PO+H^+](m/z=212) 和 [$^-$OCH(CH_3)CH_2-(CO_2-alt-PO)$_n$-$MTBD^+$ + H^+](m/z=212+n102)。随着时间的进行,前两个物种逐渐消失,后一列物种也移向高 m/z 端。待完全观察不到 MTBD 引发的物种后,将反应体系加热至 60 ℃,10 min 后又可以重新观察到物种[MTBD+H^+],[MTBD + PO + H^+] 和 [$^-$OCH(CH_3)CH_2-(CO_2-alt-PO)$_n$-$MTBD^+$ + H^+]。以上的研究结果说明,当升高反应温度时,引发端容易从聚合物链上解离并重新引发聚合反应,从而使得聚合物的 M_n 值相对降低,分子量分布也变宽。

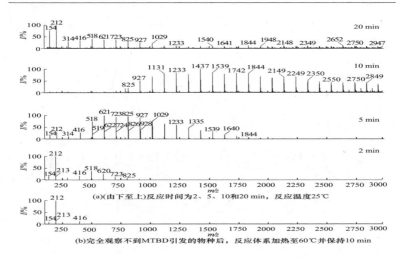

(注:配合物Ⅴ、MTBD、PO物质的量比为1∶1∶2 000,0.6 MPa CO_2 压力下进行)

图 3.7　配合物Ⅴ/MTBD双组分体系催化 CO_2/PO 共聚反应在不同时间和温度下的电喷雾质谱图

Fig. 3.7　ESI-Q-TOF mass spectra of the reaction mixture resulting from PO/CO_2 copolymerization catalyzed by the binary system of Ⅴ/MTBD with various time and temperature

3.3　本章小结

综上,由 Salen 配体一个苯环 3 位上引入大位阻有机碱 TBD 构成的单一组分三价钴催化剂,可以在高温、低压甚至常压下高活性、高选择性地催化 CO_2 与 PO 的交替共聚反应。其中,配合物Ⅰb作为催化剂,在 100 ℃和 PO 与Ⅰb 的物质的量比为 10 000 时, TOF 值为 10 882 h^{-1},生成的 PPC 选择性高达 97%。

4 三价钴配合物催化 CO_2 与环氧烷烃共聚反应机理的研究

自从 1969 年 CO_2 与环氧烷烃共聚反应被发现以来[6],对其反应机理的研究一直方兴未艾。早期的非均相催化剂由于缺乏有力的表征手段,活性位点不明确,所以无法研究其催化反应机理。近年来,涌现出一批高效的均相催化体系,如 β-二亚胺锌配合物[38]、SalenCr(Ⅲ)X 配合物[49,64]以及 SalanCr(Ⅲ)X(Salan,N,N'-二取代基的碳氮饱和键替代四齿席夫碱配体上的碳氮双键)配合物[65]等。由于这些催化剂都具有明确的结构,便于对其催化 CO_2 与环氧烷烃共聚反应的机理进行深入的研究。

经过近十年的发展,SalenCo(Ⅲ)X 配合物已经成为 CO_2 与环氧烷烃共聚反应最有效的催化剂之一。目前,SalenCo(Ⅲ)X 配合物实现该共聚反应的途径主要有以下两种:一、单独催化[55];二、结合亲核性助催化剂(季铵盐或大位阻有机碱)协同催化[56-60,66]。这两种催化方式的反应条件和反应结果有较大的差别。SalenCo(Ⅲ)X 配合物单独作为催化剂时,CO_2 与 PO 交替共聚反应可以在 25 ℃和 5.5 MPa 的 CO_2 压力下顺利进行,然而升高反应温度(50 ℃)或降低反应压力都会使得共聚反应的速率下降甚至不能进行。当反应体系中加入亲核性的季铵盐或大位阻有机碱时,CO_2 与环氧烷烃的交替共聚反应可以在高温(80 ℃)、低压,甚至常压下进行,TOF 值也有大幅度提高。

2006 年,吕小兵课题组采用 SalenCo(Ⅲ)OPh(NO_2)$_2$/MTBD 双组分催化体系,首次通过电喷雾质谱对 CO_2 与 PO 的共聚反应进行了跟踪检测,在正模式下直接观察到 MTBD 引发聚合反应并形成链增长的过程,证实了亲核性助催化剂能起到引发剂的作用[57]。另外,还根据双组分体系催化 CO_2 与环氧烷烃共聚反应所展现出的不同实验现象,提出亲核性助催化剂也具有稳定 Co(Ⅲ) 的作用,而且认为该作用在维持 SalenCo(Ⅲ)X 配合物高催化活性的过程中更加重要。但是,关于亲核性助催化剂稳定 Co(Ⅲ) 的原因,目前除了实验现象,还没有通过直接的实验证据提出合理的解释。

针对基于 SalenCo(Ⅲ)X 配合物的双组分或双功能体系在催化 CO_2 与环氧烷烃共聚反应中有关机理尚不清楚的问题,作者首先通过在 Salen 配体中一个苯环的 3 位引入大位阻有机碱,合成了分子内含有 TBD 的 SalenCo(Ⅲ)X 配合物Ⅰa 和Ⅰb(图 4.1)。该配合物能在常温或高温以及低催化剂浓度下高活性、高选择性地催化 CO_2 与 PO 的交替共聚反应,获得高分子量且呈窄分布的聚碳酸酯。通过电喷雾质谱、原位红外吸收光谱以及一系列验证实验,证明了催化剂配体上连接的功能基团 TBD 在反应过程中形成的碳酸酯中间体与中心金属离子可逆的键合与解离起到了稳定 Co(Ⅲ) 的作用。该共聚反应机理也解释了 SalenCo(Ⅲ)X/季铵盐或大位阻有机碱的双组分催化体系中,亲核性助催化剂在稳定

Co(Ⅲ)过程中所起的作用。本章将对该机理进行详细的阐述。

4.1 用于催化 CO_2 与环氧烷烃共聚反应的钴配合物合成

研究该共聚反应机理时,除了用到上一章的单一组分三价钴催化剂外,还涉及其他三价钴催化剂及助催化剂(图 4.1),本节主要介绍它们的合成方法及表征。

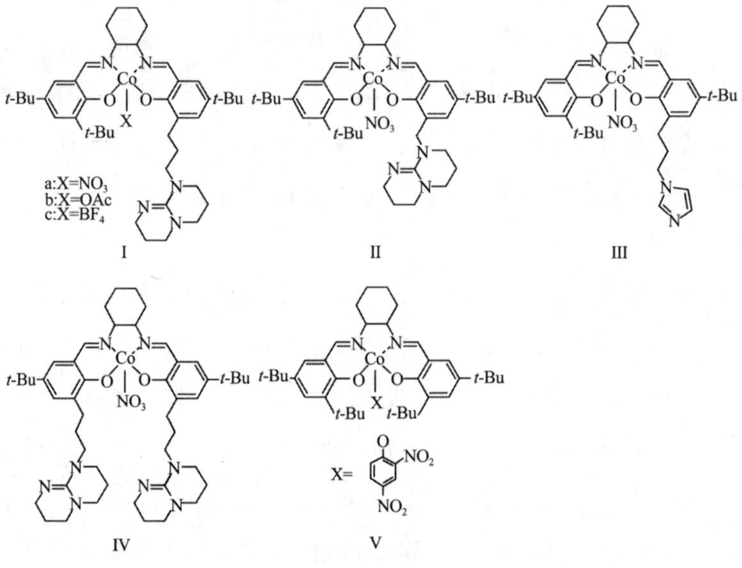

图 4.1 催化 CO_2 与环氧烷烃共聚反应的 SalenCo(Ⅲ)X 配合物

Fig. 4.1 The SalenCo(Ⅲ)X complexes for the copolymerization of CO_2 with epoxides

4.1.1 配合物Ⅱ合成

配合物Ⅱ合成路线如图 4.2 所示。

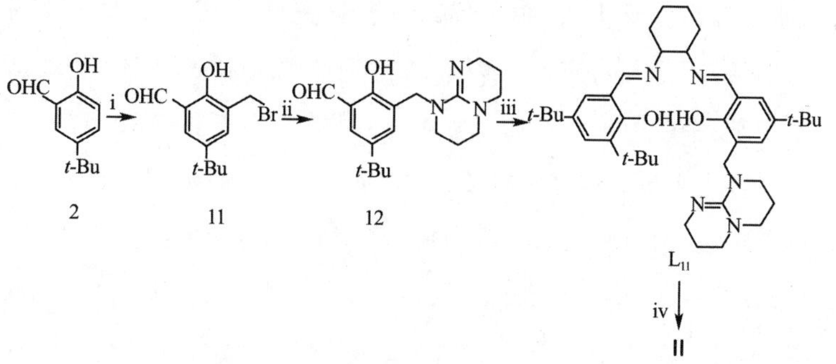

4 三价钴配合物催化 CO₂ 与环氧烷烃共聚反应机理的研究

(i)(HCHO)$_n$,HBr(48%);(ii)TBD,NaH;(iii)环己二胺单盐酸盐,3,5-二叔丁基水杨醛,Et$_3$N;(iv)Co(OAc)$_2$,LiCl,AgNO$_3$

图 4.2　配合物Ⅱ合成路线

Fig. 4.2　Synthetic route of complex Ⅱ

化合物 3-溴甲基-5-叔丁基-2-羟基苯甲醛(11):100 mL 烧瓶中依次加入化合物 2(2.0 g,11.0 mmol)、多聚甲醛(0.49 g,16.0 mmol)和氢溴酸(14.0 g,80.0 mmol),再滴加几滴浓硫酸,加热至 70 ℃反应 20 h。停止反应,待反应液冷却至室温后,加入 200 mL 水,二氯甲烷萃取(100 mL×3)。合并的有机相经饱和氯化钠洗涤(200 mL×3),无水硫酸钠干燥后,减压除去溶剂得产物 3-溴甲基-5-叔丁基-2-羟基苯甲醛(11),为淡黄色固体(产量:2.1 g,产率:70.0%)。该产物未经分离,直接用于下步反应。

化合物 5-叔丁基-3-(TBD 基)甲基-2-羟基苯甲醛(12):100 mL 圆底烧瓶中加入氢化钠(0.55 g,22.9 mmol)和 40 mL 精制四氢呋喃,冷却至 0 ℃,缓慢滴加溶有 TBD(0.75 g,5.5 mmol)的 10 mL 精制四氢呋喃。待滴加完毕,升至室温,继续反应 2 h,滴加溶有化合物 11(1.2 g,4.5 mmol)的 10 mL 精制四氢呋喃。待滴加完毕,升至室温,再反应 6 h,直至无原料剩余。过滤除去反应液中不溶物，滤液经减压除去溶剂得粗品。应用柱色谱法（硅胶柱；展开剂：二氯甲烷/甲醇＝10/1）分离提纯，得到产物 5-叔丁基-3-(TBD 基)甲基-2-羟基苯甲醛（12），为黄色固体（产量：0.97 g；产率：65.2 ％）。^{1}H NMR(400 MHz,CDCl$_3$)：δ 11.87(s,1H),10.43(s,1H),7.65(s,1H),7.34(s,1H),4.36(s,2H),3.26～3.44(m,8H),1.94～2.05(m,4H),1.30(s,9H)。^{13}C NMR(100 MHz,CDCl$_3$)：δ 196.2,158.1,150.7,142.8,135.0,129.9,127.6,118.7,49.2,48.0,47.3,39.8,38.3,34.5,31.5,21.8,21.4。HRMS(m/z) Calcd. for [C$_{19}$H$_{28}$N$_3$O$_2$]$^+$：330.2182,found：330.2173。

配体 L$_{II}$：100 mL 圆底烧瓶中，将环己二胺单盐酸盐(0.15 g,1.0 mmol)和 3,5-二叔丁基水杨醛(0.28 g,1.2 mmol)溶于 30 mL 无水甲醇，加入 5 A 分子筛。室温下反应 2 h 后，加入精制三乙胺(0.27 mL,2.0 mmol)和化合物 12(0.33 g,1.0 mmol)，再补加 30 mL 乙醇，继续搅拌 4 h。停止反应，抽滤，滤饼用二氯甲烷洗涤，滤液减压除去溶剂后得粗产品。应用柱色谱法（硅胶柱；展开剂：石油醚/乙酸乙酯/三乙胺＝100/10/1）分离提纯，得到配体 L$_{II}$，为淡黄色固体（产量：0.42 g；产率：65.7％）。^{1}H NMR(400 MHz,CDCl$_3$)：δ 13.7(s,1H),13.5(s,1H),8.36(s,1H),8.30(s,1H),7.51(s,1H),7.35(s,1H),7.12(s,1H),7.04(s,1H),4.49～4.63(m,2H),3.52～3.58(m,1H),3.31～3.38(m,9H),1.44～1.97(m,12H),1.41(s,9H),1.26(s,9H),1.23(s,9H)。^{13}C NMR(100 MHz,CDCl$_3$)：δ 166.2,165.0,157.9,151.3,140.2,139.5,136.6,134.1,128.9,127.1,125.9,123.3,117.7,116.2,71.4,69.7,50.0,47.9,47.4,45.6,38.4,34.9,34.0,33.8,33.6,32.0,31.1,29.3,24.1,24.0,21.2,20.9。HRMS(m/z) Calcd. for [C$_{40}$H$_{60}$-

$N_5O_2]^+$:642.474 7,found:642.471 6。

配合物Ⅱ:50 mL 圆底烧瓶中,将配体 $L_Ⅱ$(0.32 g,0.50 mmol)和脱去结晶水的醋酸钴(0.089 g,0.60 mmol)溶于 10 mL 无水甲醇中,室温搅拌反应 12 h。加入无水氯化锂(0.11 g, 2.50 mmol),通入氧气,继续反应 12 h。停止反应,减压除去溶剂,残余物溶于 50 mL 二氯甲烷中,分别经饱和碳酸氢钠溶液(50 mL× 3)和饱和氯化钠溶液(50 mL×3)洗涤。有机相经无水硫酸钠干燥后,减压除去溶剂。再将残余物溶于 10 mL 二氯甲烷中,加入硝酸银(0.10 g,0.60 mmol),避光反应 24 h。过滤除去不溶物,减压除去溶剂。粗产物用二氯甲烷和正己烷重结晶,得到配合物Ⅱ,为墨绿色固体(产量:0.31 g;产率:81.6%)。^1H NMR(400 MHz, DMSO-d_6):δ 8.10(s,1H),7.94(s,1H),7.68(s,1H),7.48(s, 1H),7.43(s,1H),7.26(s,1H),5.00~5.11(m,2H),3.54~3.59 (m,2H),3.41~3.47(m,4H),3.28~3.34(m,4H),3.02~3.11 (m,2H),1.89~1.99(m,8H),1.73(s,9H),1.57~1.63(m,2H), 1.31(s,9H),1.30(s,9H)。^{13}C NMR(100 MHz,DMSO-d_6): δ 164.9,164.7,161.9,161.3,150.8,141.5,137.2,135.9,130.6, 129.6,129.2,128.8,127.2,119.5,118.1,69.8,68.9,48.0,47.5, 46.9,45.7,38.8,35.6,33.6,31.4,31.3,30.1,29.4,29.3,24,2, 24.1,20.7,20.5。HRMS(m/z)Calcd. for $[C_{40}H_{58}N_6O_5Co]^+$: 761.380 1,found:761.381 3。

4.1.2 配合物Ⅲ合成

配合物Ⅲ合成路线如图 4.3 所示。

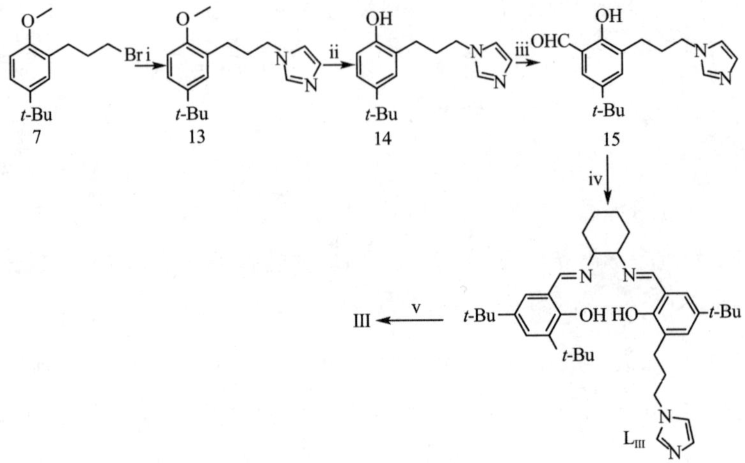

单一组分三价钴配合物催化 CO_2 与环氧烷烃共聚

(i)咪唑；(ii) BBr_3；(iii)(HCHO)$_n$，$MgCl_2$，Et_3N；(iv)环己二胺单盐酸盐，3,5-二叔丁基水杨醛，Et_3N；(v)$Co(OAc)_2$，LiCl，$AgNO_3$

图 4.3 配合物Ⅲ合成路线

Fig. 4.3 Synthetic route of complex Ⅲ

化合物 4-叔丁基-2-(3-(1-咪唑基)丙基)苯甲醚(13)：100 mL 圆底烧瓶中，将化合物 7(2.6 g,9.1 mmol)和无水碳酸钾(2.5 g, 18.2 mol)溶于 50 mL 精制乙腈，加入咪唑(1.2 g,18.2 mmol)，在 80℃反应 24 h，TLC 跟踪反应至原料无剩余，停止反应，待反应液冷却至室温，过滤，减压除去溶剂得到粗产物。应用柱色谱法(硅胶柱；展开剂：二氯甲烷/甲醇＝10/1)分离提纯，得到 4-叔丁基-2-(3-(1-咪唑基)丙基)苯甲醚(13)，为白色固体(产量：1.9 g；产率：78.7%)。^{1}H NMR(400 MHz,$CDCl_3$)：δ 7.34(s,1H),7.23(d, J = 8.4 Hz,1H),7.00(s,1H),6.91(s,1H),6.83(s,1H),6.80(d, J = 8.4 Hz,1H),3.82(s,3H),3.73(t, J = 7.2 Hz,2H),2.55(t, J = 7.2 Hz,2H),2.10(m,2H),1.32(s,9H)。HRMS(m/z)Calcd. for

4 三价钴配合物催化 CO_2 与环氧烷烃共聚反应机理的研究

$[C_{17}H_{25}N_2O]^+$:273.196 7,found:273.198 3。

化合物 4-叔丁基-2-(3-(1-咪唑基)丙基)苯酚(14):氮气保护下,将化合物 13(1.1 g,4.0 mmol)溶于 50 mL 精制二氯甲烷中,冷却至-78 ℃,缓慢滴加溶有三溴化硼(2.0 mL,20.0 mol)的 10 mL 二氯甲烷,待滴加完毕后,保持-78 ℃反应 1 h,然后升至室温反应 12 h,停止反应。将反应液缓慢加入至饱和碳酸氢钠溶液中,保持溶液呈碱性,分出有机相,水相用二氯甲烷萃取(50 mL×3)。合并的有机相经饱和氯化钠洗涤(200 mL×1),无水硫酸钠干燥,减压除去溶剂得粗产物。应用柱色谱法(硅胶柱;展开剂:二氯甲烷/甲醇=10/1)分离提纯,得到 4-叔丁基-2-(3-(1-咪唑基)丙基)苯酚(14),为白色固体(产量:0.75 g;产率:71.7%)。^1H NMR (400 MHz,$CDCl_3$):δ 7.42(s,1H),7.13(d,J=8.4 Hz,1H),7.02(s,1H),6.91(s,1H),6.87(s,1H),6.83(d,J=8.4 Hz,1H),3.88(t,J=7.4 Hz,2H),2.65(t,J=7.4 Hz,2H),2.12(m,2H),1.32(s,9H)。HRMS(m/z)Calcd. for $[C_{16}H_{23}N_2O]^+$:259.181 0,found:259.180 3。

化合物 5-叔丁基-3-(3-(1-咪唑基)丙基)-2-羟基苯甲醛(15):氮气保护下,化合物 14(0.52 g,2.0 mmol)溶于 50 mL 精制四氢呋喃中,加入精制三乙胺(0.55 mL,4.0 mmol)和无水氯化镁(0.38 g,4.0 mmol),室温下搅拌 15 min 后,加入多聚甲醛(0.28 g,10.0 mmol),升温至回流反应 3 h,TLC 跟踪反应至原料无剩余,停止反应。待反应液冷却至室温后,加入 50 mL 水,二氯甲烷萃取(50 mL×3)。合并的有机相经饱和氯化钠洗涤(100 mL×1),无水硫酸钠干燥,减压除去溶剂得粗产品。应用柱色谱法(硅胶柱;展开剂:二氯甲烷/甲醇=10/1)分离提纯,得到产物 5-叔丁基-3-(3-(1-咪唑基)

丙基)-2-羟基苯甲醛(15),为黄色固体(产量:0.52 g;产率:91.2%)。^{1}H NMR(400 MHz,CDCl$_3$):δ 11.16(s,1H),9.89(s,1H),7.50(s,1H),7.40(s,1H),7.36(s,1H),7.08(s,1H),6.95(s,1H),3.98(t,J = 7.2 Hz,2H),2.68(t,J = 7.2 Hz,2H),2.13(m,2H),1.32(s,9H)。^{13}C NMR(100 MHz,CDCl$_3$):δ 195.0,158.7,142.7,137.8,134.9,130.0,127.6,126.5,122.3,118.8,52.1,34.1,31.5,27.8,26.9。HRMS(m/z) Calcd. for [C$_{17}$H$_{23}$N$_2$O$_2$]$^+$:287.176 0,found:287.178 0。

配体 L$_Ⅲ$:100 mL 圆底烧瓶中,将环己二胺单盐酸盐(0.15 g,1.0 mmol)和3,5-二叔丁基水杨醛(0.28 g,1.2 mmol)溶于30 mL无水甲醇,加入5 A分子筛。室温下反应2 h后,加入精制三乙胺(0.27 mL,2.0 mmol)和化合物15(0.29 g,1.0 mmol),再补加30 mL乙醇,继续搅拌4 h。停止反应,抽滤,滤饼用二氯甲烷洗涤,滤液减压除去溶剂后得粗产品。应用柱色谱法(硅胶柱;展开剂:石油醚/乙酸乙酯/三乙胺=100/10/1)分离提纯,得到配体 L$_Ⅲ$,为淡黄色固体(产量:0.40 g;产率:67.2%)。^{1}H NMR(400 MHz,CDCl$_3$):δ 13.7(s,1H),13.5(s,1H),8.32(s,1H),8.29(s,1H),7.50(s,1H),7.31(s,1H),7.05~7.07(m,2H),7.03(s,1H),6.99(s,1H),6.94(s,1H),3.94(t,J = 7.2 Hz,2H),3.26~3.39(m,2H),2.62(t,J = 7.2 Hz,2H),2.05~2.16(m,2H),1.44~1.97(m,8H),1.40(s,9H),1.23(s,9H),1.22(s,9H)。^{13}C NMR(100 MHz,CDCl$_3$):δ 165.6,165.3,158.0,157.0,140.9,140.0,137.2,136.5,130.0,129.3,127.3,126.8,126.3,125.9,118.8,117.9,117.7,72.8,72.3,53.4,46.6,35.0,33.8,33.4,33.1,31.4,31.3,29.4,27.3,24.3,24.2。HRMS(m/z)Calcd. for [C$_{38}$-H$_{55}$N$_4$O$_2$]$^+$:

599.432 5,found：599.434 8。

配合物Ⅲ：50 mL 圆底烧瓶中,将配体 $L_Ⅲ$（0.30 g,0.50 mmol）和脱去结晶水的醋酸钴（0.089 g,0.60 mmol）溶于 10 mL 无水甲醇中,室温搅拌反应 12 h。加入无水氯化锂（0.11 g,2.50 mmol）,通入氧气,继续反应 12 h。停止反应,减压除去溶剂,残余物溶于 50 mL 二氯甲烷中,分别经饱和碳酸氢钠溶液（50 mL×3）和饱和氯化钠溶液（50 mL×3）洗涤。有机相经无水硫酸钠干燥后,减压除去溶剂。再将残余物溶于 10 mL 二氯甲烷中,加入硝酸银（0.10 g,0.60 mmol）,避光反应 24 h。过滤除去不溶物,减压除去溶剂。粗产物用二氯甲烷和正己烷重结晶,得到配合物Ⅲ,为墨绿色固体（产量：0.34 g；产率：88.2%）。^{1}H NMR（400 MHz,DMSO-d_6）：δ 8.40(s,1H),7.95(s,1H),7.46(s,1H),7.41(s,1H),7.37(s,1H),7.31(s,1H),7.28(s,1H),7.17(s,1H),7.07(s,1H),3.97(t,J=7.2 Hz,2H),3.57~3.59(m,2H),3.16~3.17(m,2H),2.84(t,J=7.2 Hz,2H),1.91~1.93(m,2H),1.69~1.77(m,4H),1.51~1.54(m,2H),1.29(s,9H),1.26(s,9H),1.23(s,9H)。^{13}C NMR（100 MHz,DMSO-d_6）：δ 165.5,163.2,162.3,162.2,156.2,142.6,137.8,135.9,135.3,133.1,129.6,128.9,127.2,118.5,117.0,113.8,69.6,68.2,47.8,41.1,35.1,33.7,33.3,31.3,31.2,30.7,30.5,29.7,29.3,24,2,24.1。HRMS（m/z）Calcd. for $[C_{38}H_{52}N_4O_2Co]^+$：655.342 2,found：655.377 1。

4.1.3 配合物Ⅳ合成

配合物Ⅳ合成路线如图 4.4 所示。

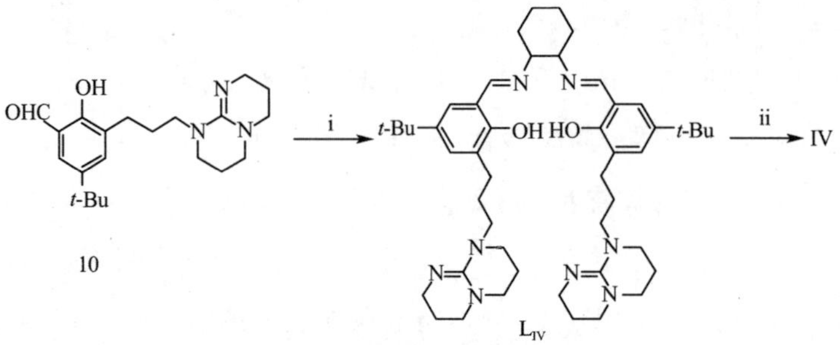

(i)环己二胺；(ii)Co(OAc)$_2$，LiCl，AgNO$_3$

图 4.4 配合物 Ⅳ 合成路线

Fig. 4.4 Synthetic route of complex Ⅳ

配体 L$_Ⅳ$：25 mL 烧瓶中，将环己二胺(0.027 g，0.24 mmol)和化合物 10(0.17 g，0.48 mmol)溶于 10 mL 无水甲醇，加热回流 8 h。停止反应，待反应液冷却至室温后，减压除去溶剂得黄色固体。粗产物未经提纯，直接用于下步反应。

配合物 Ⅳ：50 mL 圆底烧瓶中，将配体 L$_Ⅳ$(0.40 g，0.50 mmol)和脱去结晶水的醋酸钴(0.089 g，0.60 mmol)溶于 10 mL 无水甲醇中，室温搅拌反应 12 h。加入无水氯化锂(0.11 g，2.50 mmol)，通入氧气，继续反应 12 h。停止反应，减压除去溶剂，残余物溶于 50 mL 二氯甲烷中，分别经饱和碳酸氢钠溶液(50 mL×3)和饱和氯化钠溶液(50 mL×3)洗涤。有机相经无水硫酸钠干燥后，减压除去溶剂。再将残余物溶于 10 mL 二氯甲烷中，加入硝酸银(0.10 g，0.60 mmol)，避光反应 24 h。过滤除去不溶物，减压除去溶剂。粗产物用二氯甲烷和正己烷重结晶，得到配合物 Ⅳ，为墨绿色固体(产量：0.31 g；产率：66.3%)。^{1}H NMR(400 MHz，DMSO-d_6)：δ 7.96(s，2H)，7.48(s，2H)，7.42(s，2H)，3.57～3.62(m，4H)，3.40～3.44(m，4H)，3.28～3.34(m，16H)，2.95～3.03(m，8H)，1.90～2.07(m，20H)，1.52～1.61(m，4H)，1.30(s，

18H)。HRMS(m/z)Calcd. for $[C_{48}H_{72}N_8O_2Co]^{3+}$：283.830 5，found：283.825 4。

4.2 配合物Ⅰa或Ⅰb催化CO_2与环氧烷烃共聚反应的机理

从上一章的实验结果可以看出，与SalenCo(Ⅲ)X/季铵盐或大位阻有机碱双组分催化体系相比，配合物Ⅰa和Ⅰb在催化CO_2与PO的共聚反应中展现出更高的活性和热稳定性，这就促使研究功能基团TBD在聚合反应过程中所起的作用。

质谱是有机化学和高分子化学重要的分析手段。电喷雾离子源(ESI)具有软电离的特点，能维持样品的一些弱键在测试过程中不被破坏。因此，电喷雾质谱(ESI-MS)不仅可以作为金属有机配合物结构的表征工具，还可以用来研究金属配合物与中性配体之间的反应[67-68]。近年来，串联质谱(MS/MS)技术的迅速发展，使得电喷雾质谱越来越多地应用于配位催化聚合反应机理的研究[69-72]。例如，Chen等采用电喷雾串联质谱研究了环氧烷烃与Salen型铬、钴和铝等配合物的作用力[73-74]；作者所在课题组也多次采用含有电喷雾离子源的四级杆飞行时间质谱(ESI-Q-TOF)研究了CO_2与PO共聚反应的链引发[57,75]以及SalanCr(Ⅲ)X配合物与有机碱的配位情况[65]。

4.2.1 共聚反应的电喷雾质谱和红外吸收光谱跟踪实验

通过电喷雾质谱对配合物Ⅰa在25 ℃和1.5 MPa CO_2压力下催化的CO_2与PO共聚反应进行了跟踪(PO与Ⅰa的物质的量比为10 000)，与SalenCo(Ⅲ)X/MTBD双组分催化体系不同，正模式下反应体系中并没有检测到TBD引发聚合反应的物种，只检

测到了 m/z 为 784.5 的物种(图 4.5(b))。而且当反应体系中加入溶剂乙二醇二甲醚使得 PO 完全转化时,依然可以检测到 m/z 为 784.5 的物种。同时,也通过红外吸收光谱对该聚合反应进行了跟踪,结果发现波数为 1 750 cm^{-1} 处出现聚碳酸酯羰基吸收峰,而且该羰基吸收峰的强度与反应时间呈良好的线性关系(图 4.6)。另外,当 PO 与 Ia 的物质的量比减小为 2 000 时,CO_2 与 PO 的共聚反应体系在电喷雾质谱的正模式下,除了 m/z 为 784.5 的物种,还检测到 Ia 分子中 TBD 引发聚合反应的物种[$^-$OCH(CH$_3$)CH$_2$-(CO$_2$-alt-PO)$_n$-(Ia)$^+$-NO$_3^-$]$^+$(图 4.7)。

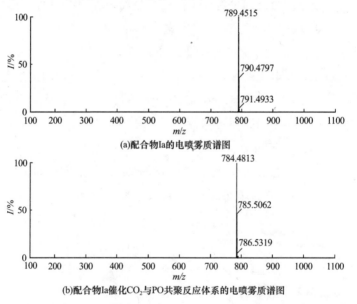

(a)配合物Ia的电喷雾质谱图

(b)配合物Ia催化CO$_2$与PO共聚反应体系的电喷雾质谱图

(反应温度为 25 ℃,CO_2 压力为 1.5 MPa,PO 与 Ia 的物质的量比为 10 000)

图 4.5 配合物Ia 和配合物Ia 催化 CO_2 与 PO 共聚反应体系的电喷雾质谱图

Fig. 4.5 ESI-Q-TOF mass spectra of complex Ia and the reaction mixture of PO and CO_2 catalyzed by complex Ia

4 三价钴配合物催化 CO_2 与环氧烷烃共聚反应机理的研究

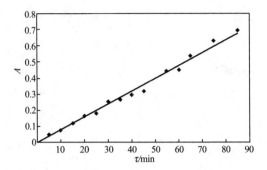

图 4.6 配合物 Ⅰa 催化 CO_2 与 PO 共聚反应 1 750 cm^{-1} 吸收峰强度与反应时间的关系(样品溶于 CH_2Cl_2 后测试)

Fig. 4.6 A time profile of the absorption at 1 750 cm^{-1} of the reation mixture of PO and CO_2 catalyzed by complex Ⅰa(diluted by CH_2Cl_2)

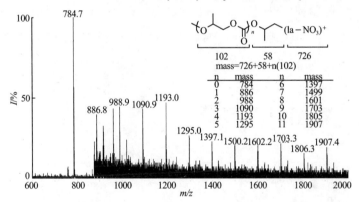

(反应温度为 25 ℃,CO_2 压力为 1.5 MPa,PO 与 Ⅰa 的物质的量比为 2 000。m/z 为 880～2000 的谱图放大 10 倍)

图 4.7 配合物 Ⅰa 催化 CO_2 与 PO 共聚反应体系的电喷雾质谱图

Fig. 4.7 ESI-Q-TOF mass spectrum of reaction mixture resulting from the alternating copolymerization of PO and CO_2 catalyzed by complex Ⅰa

4.2.2　Ⅰa 与 PO 反应的电喷雾质谱跟踪实验

为了确认 m/z 为 784.5 物种的结构，通过电喷雾质谱研究了在没有 CO_2 存在时，配合物 Ⅰa 与 PO 的反应（PO 与 Ⅰa 的物质的量比为 10 000）（图 4.8）。在正模式下，反应体系中检测到 m/z 为 784.5 和 726.5 两个物种；随着反应时间的进行，m/z 为 726.5 的物种在短时间内逐渐消失。以上的结果说明，在共聚反应中 m/z 为 784.5 物种可以快速形成。通过电喷雾串联质谱的碰撞诱导解离实验对 m/z 为 784.5 物种进行了表征（图 4.9）。结果显示，直到电压升高至 25 V 时，m/z 为 784.5 的物种才出现碎片离子峰，这说明该物种具有较好的稳定性。通过以上两方面的分析，m/z 为 784.5 的物种可以归属为 [$^-$OCH(CH_3)CH_2-(Ⅰa)$^+$-NO_3^-]$^+$，即配合物 Ⅰa 中 TBD 与分子内配位的一个 PO 反应形成的开环产物。

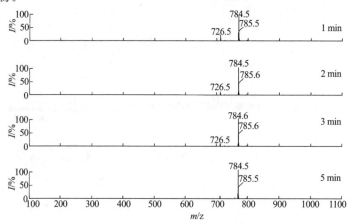

图 4.8　Ⅰa 与 PO 的反应体系在 20 ℃ 不同时间的电喷雾质谱图

Fig. 4.8　ESI-Q-TOF mass spectra of the mixture solution of PO/Ⅰa at 20 ℃ with various time

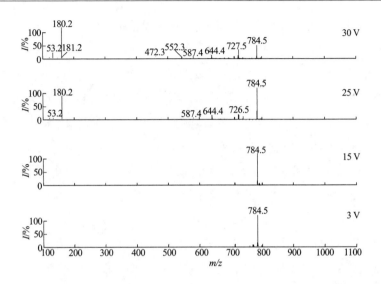

图 4.9　Ⅰa 与 PO 反应生成的 m/z 为 784.5 的物种在不同碰撞诱导解离电压下的电喷雾质谱图

Fig. 4.9　ESI-Q-TOF mass spectra of collision-induced dissociation of the species of m/z 784.5 resulted from the system of PO/Ⅰa

4.2.3　原位红外光谱研究 CO_2 插入烷氧金属键实验

通过原位红外吸收光谱研究了配合物Ⅰa催化 CO_2 与 PO 共聚反应中 CO_2 插入 Co-O 键的过程(图 4.10)。当配合物Ⅰa与 PO 反应形成 m/z 为 784.5 的物种后,除去未反应的 PO 并将残余物溶于严格除水的二氯甲烷中,进行红外吸收光谱检测(图 4.10A)。该溶液中通入 CO_2 后,红外吸收光谱图中波数为 1 750 cm^{-1} 和 1 719 cm^{-1} 处出现两个等强度的吸收峰(图 4.10B)。随后,当反应体系中通入 N_2 以除去未反应的 CO_2 后,波数为 1 719 cm^{-1} 的吸收峰完全消失了,而波数为 1 750 cm^{-1} 的吸收峰则没有明显的变化(图 4.10C)。进而,将反应体系加热至 60 ℃后,波数为 1 750 cm^{-1} 的吸收峰的强度明显减弱(图 4.10D)。为了归属这两处吸收峰,用配合物Ic代替Ia,重复以上的实验过程。结果显示,当通入CO_2后,红外吸收光谱图中只在波数为1 719 cm^{-1}处出现一个吸收峰(图4.10E),且与配合物Ia的反应情况类似,在通入N_2后也很快就消失了(图4.10F)。众所周知,BF_4^-的亲核能力较弱,很难引发CO_2与PO的共聚反应。因此,波数为1 750 cm^{-1}处的吸收峰归属为轴向配体NO_3^-形成的碳酸酯单元中羰基的吸收峰,而1 719 cm^{-1}处等强度的吸收峰归属为与配体相连的TBD形成的碳酸酯单元中羰基的吸收峰。通过以上的分析可以得出,电喷雾飞行时间质谱中检测到的m/z为784.5物种在共聚反应中真正的存在形态为[$^-$OO-COCH-(CH_3)CH_2-(Ia)$^+$-NO_3^-]$^+$(图4.11)。这是由于该物种具有较弱的碰撞解离能,在电喷雾质谱检测过程中受载气(N_2)的影响,很容易解离一分子CO_2而形成更为稳定的m/z为784.5的物种。

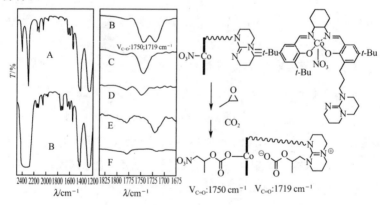

A:Ia溶于PO中,搅拌1 h后抽干未反应的PO,溶于CH_2Cl_2;B:A溶液中通入CO_2;C:B溶液中通入N_2除去CO_2;D:C溶液加热至60 ℃;E:Ic溶于PO中,搅拌1 h,抽干PO后,溶于CH_2Cl_2,通入CO_2;F:E溶液中通入N_2除去CO_2

图4.10 红外吸收光谱图

Fig.4.10 FTIR spectra

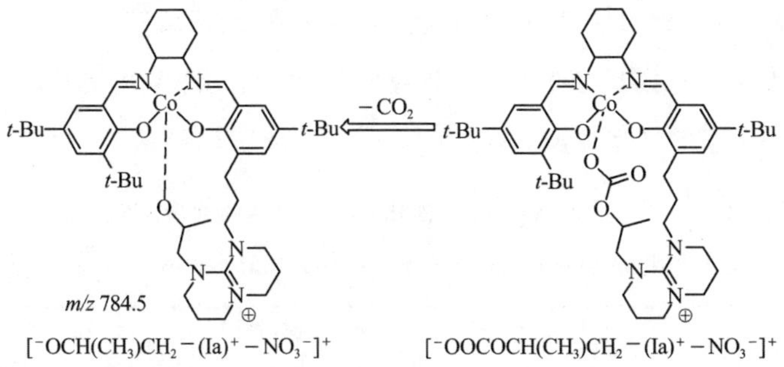

4 三价钴配合物催化 CO_2 与环氧烷烃共聚反应机理的研究

图 4.11 共聚反应中 *m/z* 为 784.5 的物种的真正结构

Fig. 4.11 The real structure of the species of *m/z* 784.5 during the copolymerization

以上的结果说明，配合物Ⅰa或Ⅰb中与配体相连的TBD容易亲核进攻分子内配位的PO并插入CO_2形成碳酸酯中间体。作者认为，该中间体可以通过与中心金属之间可逆的键合与解离起到稳定Co(Ⅲ)的作用(图4.12)，这可能是配合物Ⅰa或Ⅰb呈现高热稳定性与高催化活性的主要原因。

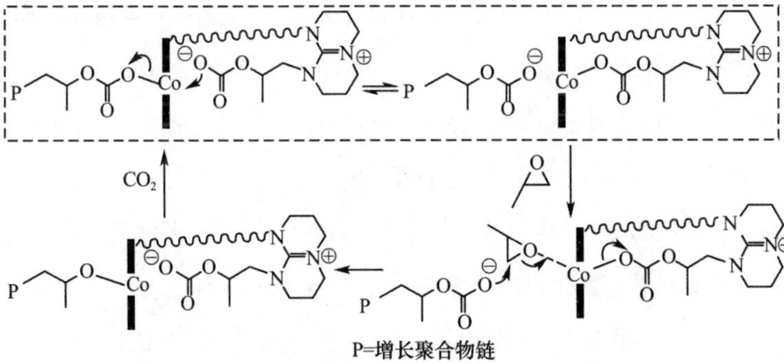

图4.12 配合物Ⅰa或Ⅰb中与配体相连的TBD在CO_2/PO共聚反应中所起的作用

Fig. 4.12 The role of the anchored TBD on the ligand framework of the complexes Ⅰa or Ⅰb during CO_2/PO copolymerization

4.2.4 配合物Ⅱ-Ⅳ催化 CO_2 与 PO 的共聚反应

为了验证该反应机理,本书合成了配合物Ⅱ-Ⅳ并将其应用于 CO_2 与 PO 的共聚反应(表 4.1)。

表 4.1 配合物Ⅱ-Ⅳ催化 CO_2 与 PO 的共聚反应
Tab. 4.1 Copolymerization of CO_2 and PO catalyzed by complexes Ⅱ-Ⅳ

编号	催化剂	TOF 值/h^{-1}	PPC 选择性/%	M_n/(kg·mol^{-1})	PDI (M_w/M_n)
1	Ⅱ	25	64	—	—
2	Ⅲ	7	0	—	—
3	Ⅳ	41	85	7.8	1.20

注:反应在纯 PO(n(PO)/n(催化剂)=10 000)中,25 ℃、1.5 MPa CO_2 压力下反应 6 h。

首先,考察了 TBD 和中心金属之间的空间大小对催化活性和 Co(Ⅲ)稳定性的影响。配合物Ⅱ(通过亚甲基在配体中一个苯环的 3 位引入大位阻有机碱 TBD)催化 CO_2 与 PO 的共聚反应时,TOF 值不及相同反应条件时配合物Ⅰa 的十分之一(编号 1),而且反应体系中有 SalenCo(Ⅱ)生成。通过电喷雾质谱对配合物Ⅱ催化 CO_2 与 PO 共聚反应的跟踪发现:与配合物Ⅰa 作为催化剂的反应结果不同,在正模式下反应体系中并没有检测到 m/z 为 756.5 的物种 $[^-OCH(CH_3)CH_2-(Ⅱ)^+-NO_3^-]^+$,只检测到 m/z 为 699.5 的 Co(Ⅱ)物种(图 4.13)。这可能是因为配合物Ⅱ中 TBD 只通过一个亚甲基与配体相连,由于空间距离不足不能进攻分子内配位的 PO,无法形成碳酸酯中间体来稳定 Co(Ⅲ)。

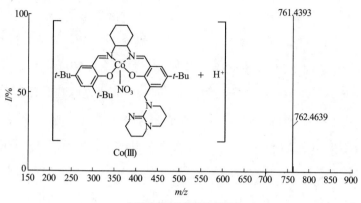

(a) 配合物Ⅱ的电喷雾质谱图

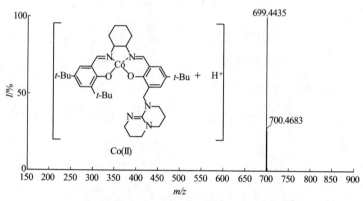

(b) 配合物Ⅱ催化CO_2与PO共聚反应体系的电喷雾质谱图

(反应温度为25 ℃,CO_2压力为1.5 MPa,PO与配合物Ⅱ的物质的量比为10 000)

图4.13 配合物Ⅱ的电喷雾质谱图和配合物Ⅱ催化CO_2与PO共聚反应体系的电喷雾质谱图

Fig. 4.13 ESI-Q-TOF mass spectra of complex Ⅱ and the reaction mixture of PO and CO_2 catalyzed by complex Ⅱ

其次,考察了有机碱的配位能力对共聚反应的影响。配合物Ⅲ(通过1,3-亚丙基在配体中一个苯环的3位引入配位型有机碱咪唑)催化CO_2与PO的共聚反应时几乎没有活性(编号2)。在相同的反应条件下,当反应体系中加入1倍量N-甲基咪唑时,配合物Ⅰa也几乎完全失去活性。这主要是因为咪唑或N-甲基咪唑会与配合物中心金属离子发生较强的配位作用,影响PO的配位活化。而TBD属于位阻型有机碱,很难与中心金属离子发生配位,因此可以亲核进攻分子内配位的PO并插入CO_2,形成碳酸酯中间体并起到稳定Co(Ⅲ)的作用。

最后,考察了大位阻有机碱的数量对共聚反应的影响。配合物Ⅳ(通过1,3-亚丙基分别与配体中两个苯环的3位引入TBD)催化CO_2与PO的共聚反应时并没有展现出较高的活性(编号3)。这主要是由于两个TBD都会与PO反应,并插入CO_2形成两分子的碳酸酯中间体。这两个碳酸酯中间体交替与中心金属发生键合与解离,阻碍了PO的配位活化,进而抑制了聚合物链增长。

4.2.5 配合物Ⅰa催化CO_2与CHO的共聚反应

鉴于配合物Ⅰa在催化CO_2与PO共聚反应中取得的成功,作者也将其应用于CO_2与CHO的共聚反应。结果显示,配合物Ⅰa在常温或高温下均不能催化该共聚反应(图4.14A)。电喷雾质谱对该反应过程的跟踪表明,反应体系中有Co(Ⅱ)生成;当反应进行2 h后,配合物Ⅰa的Co(Ⅲ)完全转变为Co(Ⅱ)(图4.15)。这主要是由于CHO和TBD都具有刚性结构,较大的空间位阻抑制了TBD亲核进攻分子内配位的CHO,因而无法形成碳酸酯中间体,也就不能通过与中心金属之间可逆的键合与解离起到稳定Co(Ⅲ)

4 三价钴配合物催化 CO_2 与环氧烷烃共聚反应机理的研究

的作用。但是,在反应的单体 CHO 中加入 0.1%(物质的量含量)的 PO 后,共聚反应则可以顺利进行,在 25 ℃和 1.5 MPa 的 CO_2 压力下,TOF 值为 168 h^{-1},聚合物的选择性及碳酸酯单元含量均大于 99%(图 4.14B)。这是因为在反应的单体中加入微量的 PO 后,则可以形成物种 $[^-OOCOCH(CH_3)CH_2$-(Ⅰa)$^+$-$NO_3^-]^+$,并起到稳定 Co(Ⅲ)的作用,从而使得 CO_2 与 CHO 的共聚反应可以顺利进行,且具有较高的活性和较好的聚合物选择性。为了验证上述反应过程,先将配合物Ⅰa 溶于 PO 中,待电喷雾质谱中检测到反应体系中有且仅有 m/z 为 784.5 物种后,真空除去未反应的 PO,再将生成的棕色固体用于催化 CO_2 与 CHO 的共聚反应。结果显示,在 25 ℃和 1.5 MPa 的 CO_2 压力下,TOF 值为 220 h^{-1};当反应温度升高至 90 ℃时,TOF 值高达 3 079 h^{-1},而且生成的聚合物中碳酸酯单元含量超过 99%(图 4.14C)。

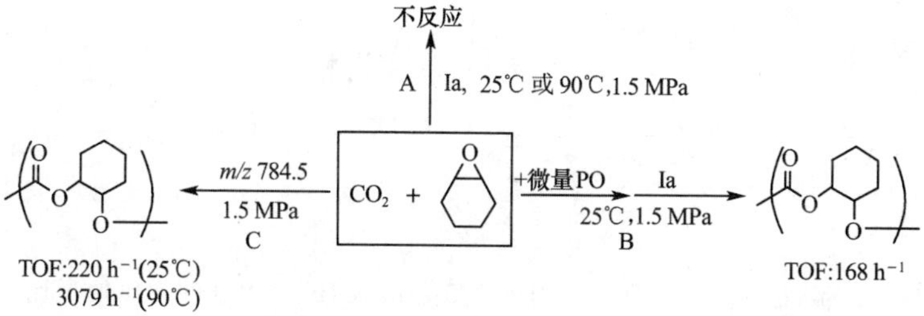

(CHO 与Ⅰa 的物质的量比为 5 000。A:Ⅰa 直接催化;B:单体 CHO 中加入 0.1% 的 PO(物质的量比);C:Ⅰa 与 PO 反应形成 m/z 为 784.5 物种后除去未反应的 PO)

图 4.14 配合物Ⅰa 在不同条件下催化 CO_2 和 CHO 的共聚反应

Fig. 4.14 The copolymerization of CO_2 and CHO catalyzed by the complex Ⅰa at various conditions

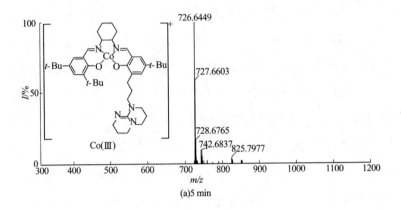

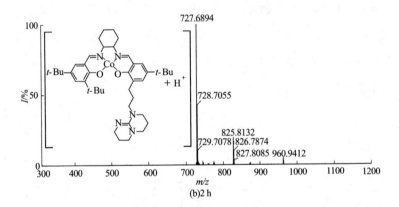

(反应温度为 25 ℃，CO_2 压力为 1.5 MPa，CHO 与 Ⅰa 的物质的量比为 5 000)

图 4.15　配合物 Ⅰa 催化 CO_2 与 CHO 共聚反应体系不同时间的电喷雾质谱图

Fig. 4.15　ESI-Q-TOF mass spectra of the reaction mixture of CHO and CO_2 catalyzed by complex Ⅰa with various time

4.2.6 配合物Ⅰa或Ⅰb催化CO_2与环氧烷烃的共聚反应机理

基于以上研究,作者提出分子内含有大位阻有机碱 TBD 的 SalenCo(Ⅲ)X 配合物Ⅰa或Ⅰb催化 CO_2 与 PO 共聚反应的机理(图 4.16)。SalenCo(Ⅲ)X 配合物的具有四角锥的空间构型,有效原子序数(EAN)为 16,因此 PO 可以配位至中心金属轴向配体的反面,形成稳定的八面体空间构型。TBD 亲核进攻该活化的 PO,形成烷氧金属键。这个过程也削弱了轴向配体与中心金属之间的作用力,导致轴向配体从中心金属上解离并形成一个空配位点。烷氧金属键之间很容易插入 CO_2 形成碳酸金属键。随后另一分子的 PO 与中心金属配位并位于 TBD 形成的碳酸金属键反面,轴向配体会进攻该活化的 PO 形成烷氧金属键。该过程也造成其反面的碳酸金属键的解离。同样 CO_2 也很容易插入该烷氧金属键形成碳酸金属键。由于 TBD 形成的碳酸酯中间体会与中心金属发生分子内的键合,使得轴向配体引发的碳酸酯链从中心金属上解离下来,该过程起到稳定 Co(Ⅲ)的作用。解离的碳酸酯链会继续进攻配位的 PO 并插入 CO_2 形成链增长。生成的聚合物中碳酸酯单元含量超过 99%,说明了 CO_2 插入烷氧金属键是一个快速反应过程,而增长的碳酸酯链从中心金属的解离与 PO 的配位活化以及进一步开环是共聚反应的决定性步骤。

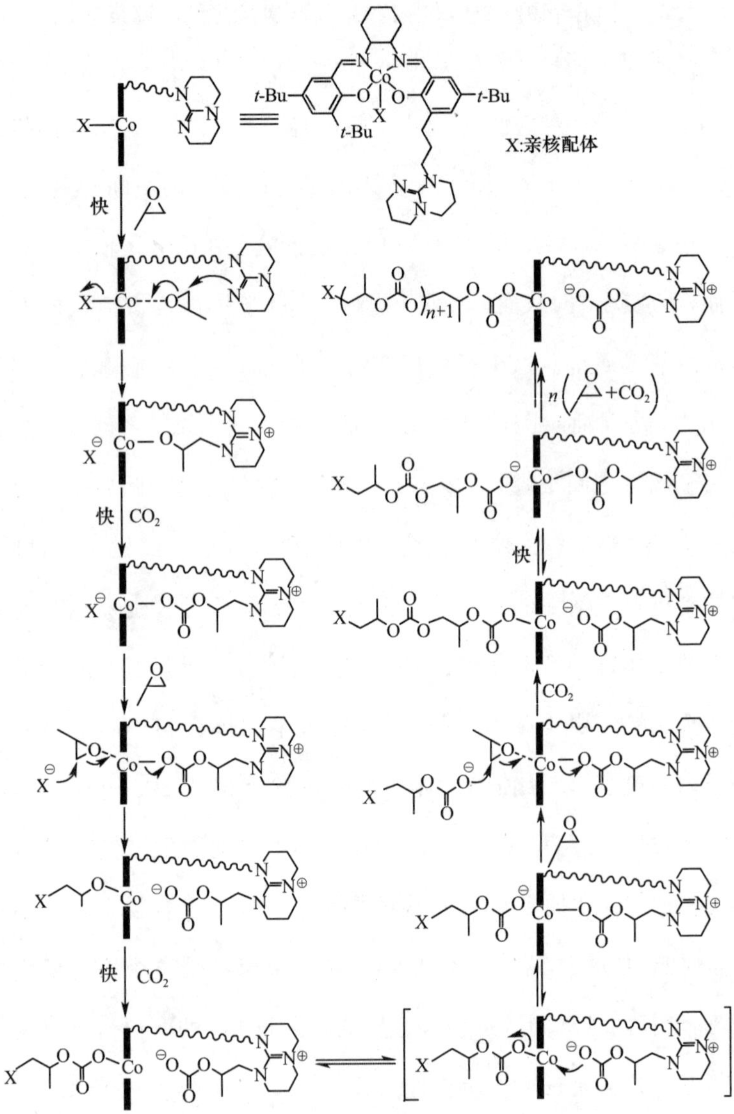

图 4.16 配合物 Ⅰa 或 Ⅰb 催化 CO$_2$ 与 PO 共聚反应的机理

Fig. 4.16 Mechanistic understanding on the copolymerization of CO$_2$ and PO catalyzed by complexes Ⅰa or Ⅰb

4.3 SalenCo(Ⅲ)X/亲核性助催化剂双组分体系催化 CO_2 与环氧烷烃共聚反应的机理

SalenCo(Ⅲ)X 配合物单独作为催化剂时,CO_2 与环氧烷烃的共聚反应在高温(50 ℃)和低压下都不能进行。而反应体系中加入亲核性助催化剂(季铵盐或大位阻有机碱)后,CO_2 与环氧烷烃的共聚反应可以在高温、低压,甚至常压下进行,而且 SalenCo(Ⅲ)X 配合物的催化活性也有大幅度提高。这些亲核性助催化剂被证实能够引发共聚反应,同时也被认为可以起到稳定 Co(Ⅲ)的作用。

配合物Ⅰa 或Ⅰb 催化 CO_2 与环氧烷烃的共聚反应中,TBD 形成的碳酸酯中间体通过与中心金属之间可逆的键合与解离稳定 Co(Ⅲ)。在此基础上,提出了双组分体系催化 CO_2 与环氧烷烃共聚反应的机理(图 4.17)。其中,亲核性助催化剂与 SalenCo(Ⅲ)X 配合物中轴向配体引发的碳酸酯链依次在中心金属两面发生交替的链增长与解离,该过程能起到稳定 Co(Ⅲ)的作用,使得共聚反应可以在较高温度、低压甚至常压下顺利进行。

为了验证该反应机理,采用配合物Ⅴ与 $n\text{-}Bu_4NX(X=OPh(NO_2)_2)$ 组成双组分催化体系,进行了一系列控制实验(表4.2)。

表 4.2 配合物 Ⅴ/$n\text{-}Bu_4NX(X=OPh(NO_2)_2)$ 双组分体系催化 CO_2 和 PO 的共聚反应

Tab. 4.2 Copolymerization of CO_2 and PO catalyzed by complex Ⅴ/$n\text{-}Bu_4NX(X=OPh(NO_2)_2)$

编号	助催化剂(比例)	$n(PO)/n(V)$	温度/℃	时间/h	TOF 值/h^{-1}	PPC 选择性/%	M_n/(kg·mol^{-1})	PDI (M_w/M_n)
1	—	10 000	25	10.0	<5	—	—	—
2	$n\text{-}Bu_4NX$(1)	10 000	25	10.0	90	99	18.9	1.04
3	$n\text{-}Bu_4NX$(1)	2 000	25	4.0	204	>99	24.5	1.10
4	$n\text{-}Bu_4NX$(10)	10 000	25	6.0	560	94	60.8	1.05

注:反应在纯 PO(14 mL,200 mmol)中,1.5 MPa CO_2 压力下进行。

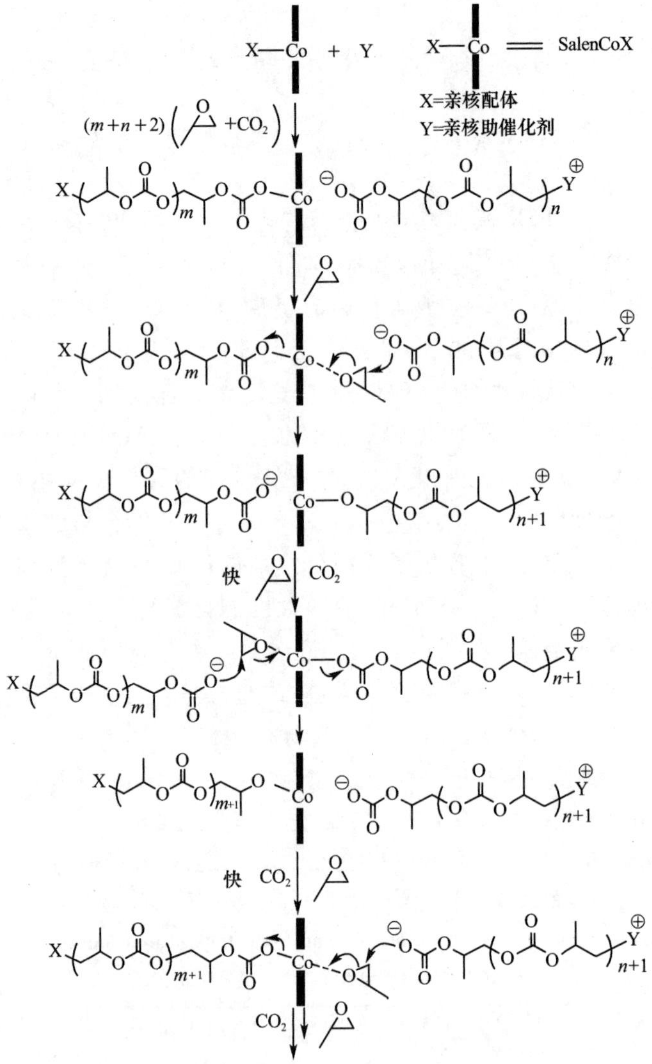

图 4.17 基于 SalenCo(Ⅲ)X 配合物的双组分体系催化 CO_2 与 PO 共聚反应的机理

Fig. 4.17 Mechanistic understanding of binary catalyst systems based on SalenCo(Ⅲ)X for CO_2/PO copolymerization

4 三价钴配合物催化 CO_2 与环氧烷烃共聚反应机理的研究

与文献报道的结果类似,在 25 ℃和 1.5 MPa 的 CO_2 压力下,配合物 V 单独不能催化 CO_2 和 PO 共聚反应(编号 1)。当催化体系中加入一倍量的季铵盐 n-Bu_4NX,且 PO 与配合物 V 的物质的量比较高时(10 000),共聚反应可以顺利进行,但反应体系中有少量的 Co(Ⅱ)生成;而当 PO 与 V 的物质的量比从 10 000 减少至 2 000 时,配合物 V 的催化活性有较大的提高,TOF 值由 90 h^{-1} 增加到 204 h^{-1}(编号 2、3),而且 Co(Ⅲ)的稳定性较好。另外,提高催化体系中 n-Bu_4NX 与 V 的物质的量比,能使得 TOF 值由 90 h^{-1} 增加到 560 h^{-1}(编号 2、4),同时 Co(Ⅲ)的稳定性也较好。以上的结果表明,反应体系中增长的碳酸酯链越多,越有利于 Co(Ⅲ)的稳定。

4.4 本章小结

1.采用电喷雾质谱对配合物 Ⅰa 催化 CO_2 和 PO 的共聚反应进行了跟踪,并结合原位红外吸收光谱和一系列验证实验,研究了该共聚反应的机理。结果显示:与配体相连的 TBD 容易亲核进攻分子内配位的 PO 并插入 CO_2 形成碳酸酯中间体,该中间体可以通过与中心金属之间可逆的键合与解离起到稳定 Co(Ⅲ)的作用。

2.在配合物 Ⅰa 催化 CO_2 和 PO 的共聚反应机理的基础上,提出了基于 SalenCo(Ⅲ)X 配合物的双组分体系催化 CO_2 与环氧烷烃共聚反应的机理。其中,亲核性助催化剂与 SalenCo(Ⅲ)X 配合物中轴向配体引发的碳酸酯链依次在中心金属两面发生交替的链增长与解离,该过程能起到稳定 Co(Ⅲ)的作用,使得共聚反应可以在较高温度、低压甚至常压下顺利进行。

5 聚碳酸酯嵌段共聚物的制备

嵌段共聚物由于含有两种或多种不同的聚合物链段而展现出一些独特的物理性能[76]。对于 CO_2 与 PO 的共聚反应,很难制备嵌段共聚物。这主要因为该反应在高温、低压或反应时间较长时,都有利于生成热力学更为稳定的环状碳酸酯。另外,引发端容易从增长的聚碳酸酯链上解离也是制约其制备嵌段共聚物的主要因素之一。2006 年,Nozaki 课题组采用含有哌啶盐的 Salen 型钴配合物高选择性催化了 CO_2 与 PO 的共聚反应,首次制备了含有 PPC 和聚碳酸 1,2-己烯酯(PHC)链段的嵌段共聚物(图 5.1)[61]。但由于 PHC 的 T_g 也较低,PPC-b-PHC 嵌段共聚物并没有对 PPC 的热力学性能产生影响。因此,制备含有 PPC 和 PCHC 链段的嵌段共聚物是改善 PPC 热力学性能的另一种有效的方法。但是,大多数催化体系在常温下均不能催化 CO_2 与 CHO 的共聚反应。

上一章的研究结果表明,分子内含大位阻有机碱 TBD 的配合物Ⅰb 在 25 ℃和 1.5 MPa 的 CO_2 压力下,能高活性、高选择性地催化 CO_2 与 PO 的共聚反应,而且在有机溶剂的存在下,能实现 PO 的完全转化。另外,当配合物Ⅰb 与 PO 反应后形成[$^-$OO-COCH-(CH_3)CH_2-(Ⅰb)$^+$- OAc^-]$^+$的物种时,也能高活性地催

化 CO_2 和 CHO 的共聚反应。因此,本章介绍以配合物 I b 为催化剂,通过逐步加入 PO 或 CHO 与 CO_2 发生交替共聚反应,制备 PPC-*b*-PCHC-*b*-PPC 嵌段共聚物。

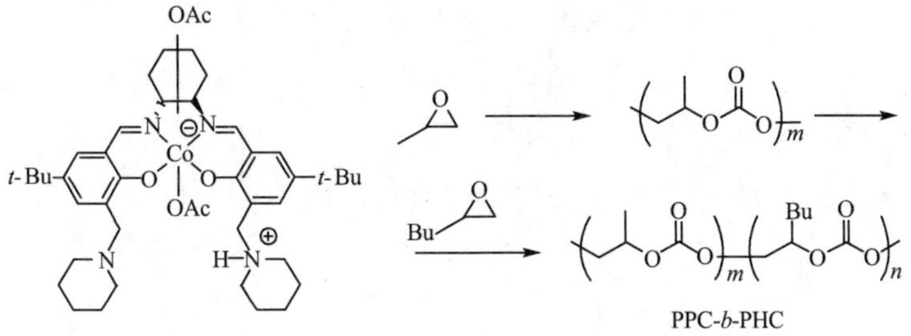

图 5.1 PPC-*b*-PHC 嵌段共聚物的制备

Fig. 5.1 The production of PPC-*b*-PHC block polymer

5.1 PPC-*b*-PCHC-*b*-PPC 嵌段共聚物的制备

5.1.1 聚碳酸酯嵌段共聚物的制备过程

75 mL 不锈钢高压釜于 120 ℃加热 6 h 后抽真空,待釜温降至室温后充入氮气备用。在手套箱中,将催化剂 I b(0.078 g, 0.10 mmol)溶于 PO(1.7 g, 30.0 mmol)中,再加入 10 mL 乙二醇二甲醚。氮气保护下,将生成的红棕色溶液移入高压釜中,充入 1.5 MPa 压力的 CO_2,25 ℃下反应 16 h。暂停反应,缓慢释放剩余的 CO_2,取出少量的反应产物,分别用 ^{1}H NMR 和 GPC 测试 PO 的转化率、聚合物选择性和分子量及分子量分布。氮气保护下,将 CHO(2.9 g, 30.0 mmol)加入高压釜中,充入 1.5 MPa 压力的 CO_2,继续反应 24 h。再次暂停反应,缓慢释放剩余的 CO_2,取出少量的反应产物,分别用 ^{1}H NMR 和 GPC 分析。氮气保护下,将 PO(1.7 g, 30.0 mmol)加入高压釜中,充入 1.5 MPa 压力的 CO_2,继续反应 24 h。终止反应,缓慢释放剩余 CO_2,取出少量的反应产物,分别用 ^1H NMR 和 GPC 分析。最后,将反应产物转移到烧瓶中,除去溶剂,将所得聚合物置于低温保存。

5.1.2 聚碳酸酯嵌段共聚物的表征

反应过程中生成的聚合物 PPC、PPC-*b*-PCHC 和 PPC-*b*-PCHC-*b*-PPC 都能保持较窄的分子量分布(<1.10)。而且每步加入的环氧烷烃转化率均超过 99%,生成的聚合物选择性也较好(图 5.2)。

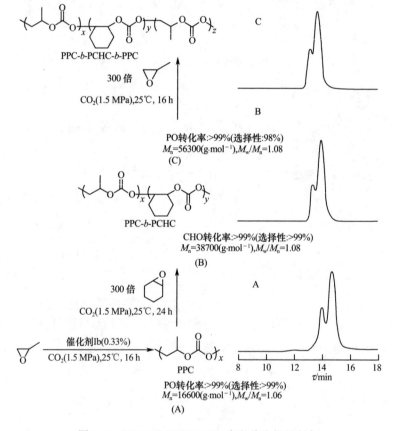

图 5.2 PPC-*b*-PCHC-*b*-PPC 嵌段共聚物的制备

Fig. 5.2 The production of PPC-*b*-PCHC-*b*-PPC block polymer

PPC-*b*-PCHC-*b*-PPC 嵌段共聚物的^{1}H NMR 谱图中(图 5.3C),化学位移 4.99 处为 PPC 链段的次甲基上氢原子的信号,化学位移 4.65 处为 PCHC 链段的次甲基上氢原子的信号。因此,通过对这两处信号的积分面积的比较,计算出 PPC-*b*-PCHC-*b*-PPC 嵌段共聚物中的 PPC 和 PCHC 链段含量分别为 62%和 38%。

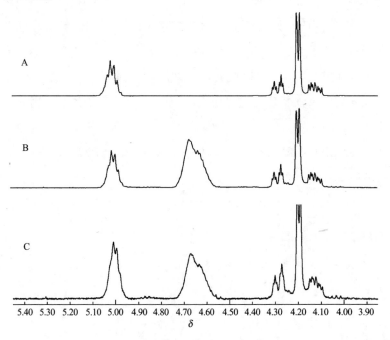

图 5.3 反应过程中生成的聚合物 PPC、PPC-*b*-PCHC 和 PPC-*b*-PCHC-*b*-PPC 的^{1}H NMR 谱图

Fig. 5.3 ^{1}H NMR spectra of PPC, PPC-*b*-PCHC and PPC-*b*-PCHC-*b*-PPC

5.2 PPC-*b*-PCHC-*b*-PPC 嵌段共聚物的热力学性能分析

首先,应用 DSC 对上述合成的含 38%PCHC 链段的 PPC-*b*-PCHC-*b*-PPC 嵌段共聚物的 T_g 进行了测定(图 5.4A)。从图中可以看出,该嵌段共聚物只有一个 68.5 ℃ 的 T_g。同样,前文中制备的含有 30%CHC 单元含量的 PO/CHO/CO_2 三元共聚物也只有一个 T_g(图 5.4B)。但嵌段共聚物的相转变过程时间要明显长于三元共聚物。而物质的量比为 1∶1 的 PPC/PCHC 共混物则表现出 41.6 ℃(PPC)和 117.4 ℃(PCHC)两个 T_g(图 5.4C)。这说明 PPC-*b*-PCHC-*b*-PPC 嵌段共聚物中 PPC 链段和 PCHC 链段的相容性较好。

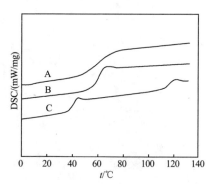

A:38%PCHC 链段含量的 PPC-*b*-PCHC-*b*-PPC 嵌段共聚物;B:30%CHC 单元含量的 PO/CHO/CO_2 三元共聚物;C:物质的量比为 1∶1 的 PPC/PCHC 共混物

图 5.4 DSC 热分析图

Fig. 5.4 DSC thermograms

其次,对该嵌段共聚物进行了热失重分析。结果显示,共聚物的热分解温度范围较宽,在 228 ℃时失重 10%,296 ℃时失重了 90%,同时在 237 ℃和 272 ℃处出现两个热分解峰(图 5.5)。相比之下,含有 30%CHC 单元含量的 PO/CHO/CO_2 三元共聚物则具有较窄的热分解温度范围(276~300 ℃失重 10%~90%),且只在 290 ℃有一个尖锐的热分解峰。

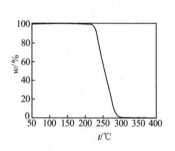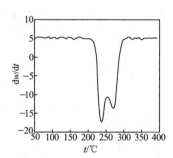

图 5.5 PPC-*b*-PCHC-*b*-PPC 嵌段共聚物的热失重及微分热失重曲线

Fig. 5.5 The TG and DTG curves of the PPC-*b*-PCHC-*b*-PPC block polymer

5.3　PPC-*b*-PCHC-*b*-PPC 嵌段共聚物的热力学性能调控

通过改变 PO 或 CHO 的反应量,制备了一系列不同 PCHC 链段含量的 PPC-*b*-PCHC-*b*-PPC 嵌段共聚物,并研究 PCHC 链段含量对 T_g 的影响(图 5.6)。

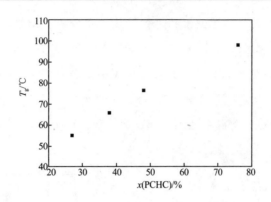

图 5.6 嵌段共聚物 T_g 随 PCHC 链段含量的变化图

Fig.5.6 Plot of the T_g versus PCHC content in the block polymer

从图中可以看出,随着 PCHC 链段含量的增加,嵌段共聚物的 T_g 不断升高。当 PCHC 链段的含量从 27% 增加到 76% 时,共聚物的 T_g 从 55.1 ℃ 增加到 98.1 ℃。以上的结果说明,形成嵌段共聚物的方法可以实现对聚碳酸酯的热力学性能进行调控。

5.4 本章小结

采用分子内含有大位阻有机碱 TBD 的 SalenCo(Ⅲ)X 配合物 Ⅰb 为催化剂,通过逐步加入 PO 或 CHO 与 CO_2 发生交替共聚反应,成功地制备了 PPC-b-PCHC-b-PPC 嵌段聚合物。DSC 和热失重分析显示,该嵌段共聚物只有一个较宽的 T_g 和两个热分解温度。而且,还可以通过改变嵌段共聚物中 PCHC 链段的含量对其 T_g 进行调控。

6 高活性、热稳定双功能三价钴催化剂的设计

2004 年,本课题组首次报道了 SalenCo(Ⅲ)X 配合物为主催化剂、季铵盐为助催化剂的双组分体系,在温和条件下高效地催化 CO_2 与环氧烷烃的交替共聚反应[56]。随后,通过对 SalenCo(Ⅲ)X 配合物轴向配体和助催化剂的合理调变,进一步提高了催化活性[57]。同时,作者课题组还采用电喷雾质谱对 SalenCo(Ⅲ)X/MTBD 双组分体系催化 CO_2 与环氧烷烃的共聚反应进行了跟踪,证实了亲核性助催化剂具有引发共聚反应的作用。在此基础上,Lee 课题组报道了分子内含有季铵盐单元的新型 SalenCo(Ⅲ)X 配合物(图 6.1(a)),在高温(90 ℃)和低催化剂浓度下,以较高的催化活性实现了 CO_2 与 PO 的交替共聚反应[62-63]。Nozaki 等设计了一种分子内含有质子化哌啶的 SalenCo(Ⅲ)X 配合物(图 6.1(b)),用于高选择性地催化 CO_2 与端位环氧烷烃的交替共聚反应,制备相应的聚碳酸酯,并通过逐步加入不同的环氧烷烃单体首次制备了聚碳酸酯的嵌段共聚物[61]。

前一章中,分子内含有 TBD 的 SalenCo(Ⅲ)X 配合物能高效地催化 CO_2 与环氧烷烃的交替共聚反应,其中 TBD 形成的碳酸酯中间体可以通过与中心金属之间可逆的键合与解离起到稳定 Co(Ⅲ)的作用。受此启发,作者通过在 Salen 配体中一个苯环的酚

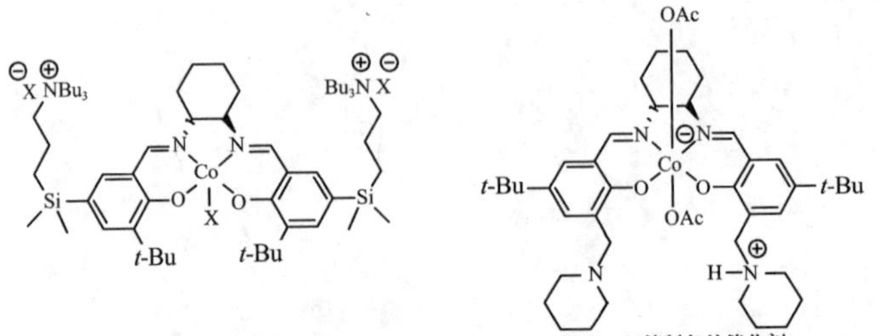

(a)Lee等制备的催化剂　　　(b)Nozaki等制备的催化剂

图 6.1　催化 CO_2 与环氧烷烃共聚反应的双功能 SalenCo(Ⅲ)X 配合物

Fig. 6.1　Bifunctional SalenCo(Ⅲ)X complexes for copolymerization of CO_2 and epoxides

氧基邻位引入季铵盐单元,合成了一系列双功能 SalenCo(Ⅲ)X 配合物Ⅵ-Ⅷ(图 6.2)。与 Lee 等报道的 SalenCo(Ⅲ)X 配合物中季铵盐在苯环 5 位不同,本章中的双功能配合物中季铵盐位于苯环 3 位,应该更有利于分子内协同作用,以及更好地稳定 Co(Ⅲ)。所设计的双功能 SalenCo(Ⅲ)X 配合物能够在较高温度下高活性、高选择性地催化 CO_2 与 PO 或 CHO 的共聚反应,以及 CO_2/端位环氧烷烃/CHO 的三元共聚反应。

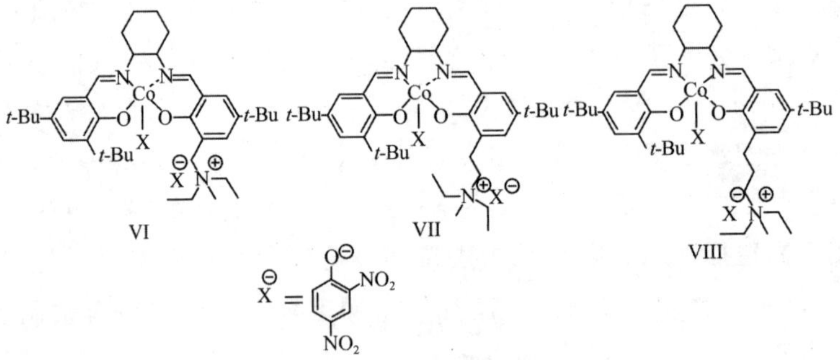

图 6.2　用于高活性催化 CO_2 与环氧烷烃聚合反应的双功能 SalenCo(Ⅲ)X 催化剂

Fig. 6.2　Highly active, bifunctional SalenCo(Ⅲ)X catalysts for polymerization of CO_2 and epoxides

6.1 配合物 Ⅵ-Ⅷ 的合成

6.1.1 配合物 Ⅵ 的合成

配合物 Ⅵ 合成路线如图 6.3 所示。

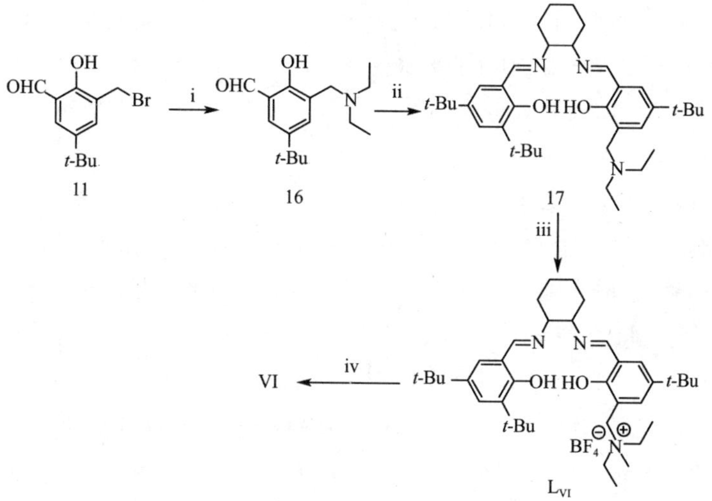

(i)Et_2NH；(ii)环己二胺单盐酸盐,3,5-二叔丁基水杨醛,Et_3N；
(iii)CH_3I,$AgBF_4$；(iv)$Co(OAc)_2$,LiCl,$AgBF_4$,$NaOPh(NO_2)_2$

图 6.3 配合物 Ⅵ 合成路线

Fig. 6.3 Synthetic route of complex Ⅵ

化合物 5-叔丁基-3-(二乙基氨基)甲基-2-羟基苯甲醛(16)：100 mL 圆底烧瓶中,将化合物 11(2.7 g,0.01 mol)和无水碳酸钾(2.7 g,0.02 mol)溶于 50 mL 乙腈,加入二乙胺(1.7 mL,0.02 mol),室温反应 24 h,TLC 跟踪反应至原料无剩余,停止反应,待反应液冷却至室温,过滤,减压除去溶剂得到粗产物,为白色浑浊油状物。应用柱色谱法(硅胶柱；展开剂：二氯甲烷/甲醇=10/1)分离提纯,得到产物 5-叔丁基-3-(二乙基氨基)甲基-2-羟基苯甲醛(16),为白色固体(产量：2.4 g；产率：89.5%)。^{1}H NMR

(400 MHz,CDCl$_3$):δ 10.24(s,1H),7.48(s,1H),7.40(s,1H),3.66(s,2H),2.70~2.76(m,4H),1.32(s,9H),1.11(t,J=7.2 Hz,6H)。^{13}C NMR(100 MHz,CDCl$_3$):δ 195.6,158.2,142.3,134.7,129.6,125.8,121.3,50.2,45.3,34.1,27.0,10.5。HRMS(m/z) Calcd. for [C$_{16}$H$_{26}$NO$_2$]$^+$:264.1964,found:264.1967。

化合物 17:100 mL 圆底烧瓶中,将环己二胺单盐酸盐(0.15 g,1.0 mmol)和 3,5-二叔丁基水杨醛(0.28 g,1.2 mmol)溶于 30 mL 无水甲醇,加入 5 A 分子筛。室温下反应 2 h 后,加入精制三乙胺(0.27 mL,2.0 mmol)和化合物 16(0.26 g,1.0 mmol),再补加 30 mL 乙醇,继续搅拌 4 h。停止反应,抽滤,滤饼用二氯甲烷洗涤,滤液减压除去溶剂后得粗产品。应用柱色谱法(硅胶柱;展开剂:石油醚/乙酸乙酯/三乙胺=100/10/1)分离提纯,得到化合物 17,为黄色固体(产量:0.32 g;产率:55.2%)。^{1}H NMR(400 MHz,CDCl$_3$):δ 13.65(s,1H),13.36(s,1H),8.31(s,1H),8.29(s,1H),7.31(s,1H),7.15(s,1H),6.94(s,1H),6.92(s,1H),3.73(s,2H),3.31~3.34(m,2H),2.50~2.75(m,4H),1.57~1.96(m,8H),1.42(s,9H),1.29(s,9H),1.27(s,9H),1.03(t,J=7.2 Hz,6H)。HRMS(m/z) Calcd. for [C$_{37}$H$_{58}$N$_3$O$_2$]$^+$:576.4529,found:576.4558。

配体 L$_{Ⅵ}$:25 mL 圆底烧瓶中,将化合物 17(0.29 g,0.50 mmol)溶于 10 mL 精制乙腈,加入碘甲烷(0.047 mL,0.75 mmol),避光搅拌反应 24 h,TLC 跟踪反应至原料无剩余,停止反应,减压除去溶剂得到黄色固体。将该固体溶于 20 mL 无水乙醇,加入四氟硼银(0.12 g,0.60 mmol),避光搅拌反应 1 h,停止反应。过滤除去不溶物,减压除去溶剂得到粗产物。应用柱色谱法(硅胶柱;展开剂:二氯甲烷/甲醇=10/1)分离提纯,得到配体 L$_{Ⅵ}$,为黄色固体(产量:0.19 g;产率:55.0%)。^{1}H NMR(400 MHz,CDCl$_3$):δ 13.72(s,1H),13.53(s,1H),8.33(s,1H),8.31(s,1H),7.34(s,

1H),7.17(s,1H),7.08(s,1H),7.03(s,1H),4.53(s,2H),3.13~3.40(m,6H),2.97(s,3H),1.56~2.01(m,8H),1.42(s,9H),1.23~1.30(m,24H)。^{13}C NMR(100 MHz,CDCl$_3$):δ165.9,165.4,158.1,157.0,141.3,140.1,136.7,130.5,126.8,126.7,126.2,126.0,117.9,117.8,73.4,72.1,59.9,54.8,47.8,35.1,34.0,33.6,33.1,32.8,31.7,29.5,27.5,24.5,24.4,7.9。HRMS(m/z)Calcd. for [C$_{38}$H$_{60}$N$_3$O$_2$]$^+$:590.4680,found:590.4668。

配体Ⅵ:50 mL圆底烧瓶中,将配体L$_Ⅵ$(0.17 g,0.25 mmol)和脱去结晶水的醋酸钴(0.09 g,0.50 mmol)溶于10 mL无水甲醇中,室温搅拌反应12 h。加入无水氯化锂(0.021 g,0.50 mmol),通入氧气,继续反应12 h。停止反应,减压除去溶剂,残余物溶于20 mL二氯甲烷中,分别经饱和碳酸氢钠溶液(50 mL×3)和饱和氯化钠溶液(50 mL×3)洗涤。有机相经无水硫酸钠干燥后,减压除去溶剂。再将残余物溶于10 mL 二氯甲烷中,加入四氟硼银(0.10 g,0.50 mmol),避光反应24 h。过滤除去不溶物,滤液中加入2,4-二硝基苯酚钠(0.10 g,0.50 mmol),室温反应2 h。过滤除去不溶的无机盐,减压除去溶剂。粗产物用二氯甲烷和正己烷重结晶,得到配合物Ⅵ,为棕色固体(产量:0.23 g;产率:92.0%)。^{1}H NMR(DMSO-d_6):δ 8.67(s,2H),8.12(m,2H),7.87~7.91(m,4H),7.72(s,1H),7.51(s,1H),7.48(s,1H),6.44(m,2H),3.48~3.87(m,8H),3.12(s,3H),3.04(d,J=8.8 Hz,2H),2.92~2.02(m,4H),1.78(s,9H),1.42~1.60(m,8H),1.33(s,9H),1.30(s,9H),1.26(t,J=8.0 Hz,6H)。^{13}C NMR(DMSO-d_6):δ 164.8,162.7,161.3,141.0,137.3,137.0,136.2,134.3,129.4,129.0,128.1,127.6,124.7,120.3,119.9,118.0,69.6,68.9,61.4,55.6,55.4,53.5,45.7,35.4,33.4,33.3,31.2,30.9,30.1,29.3,24.0,8.3,7.7。HRMS(m/z)Calcd. for [C$_{44}$H$_{61}$CoN$_5$O$_7$]$^+$:830.3903,found:830.3922。

6.1.2 配合物Ⅶ的合成

配合物Ⅶ合成路线如图 6.4 所示。

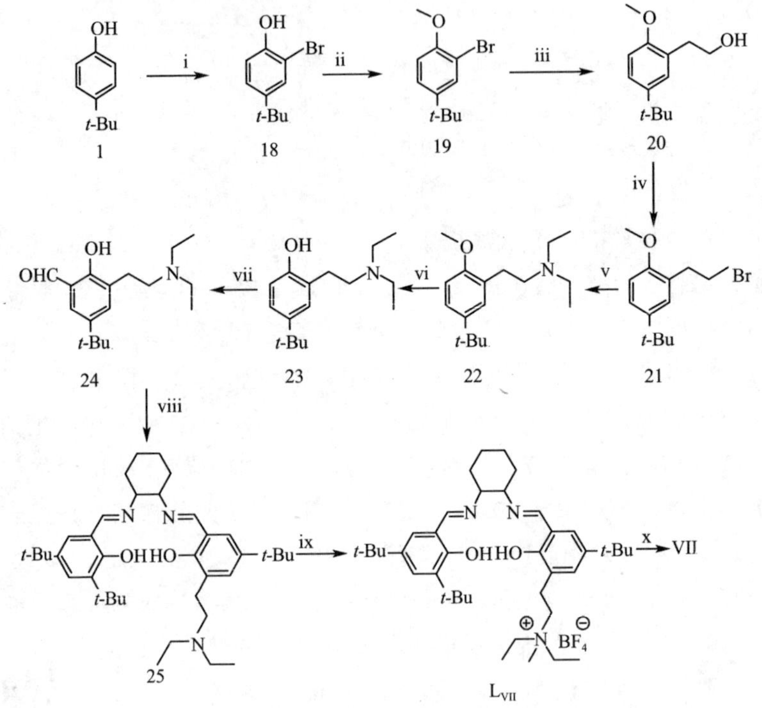

(i) $CuBr_2$; (ii) CH_3I; (iii) n-BuLi, 环氧乙烷; (iv) PBr_3; (v) Et_2NH; (vi) BBr_3; (vii) $(HCHO)_n$, $MgCl_2$, Et_3N; (viii) 环己二胺单盐酸盐, 3,5-二叔丁基水杨醛, Et_3N; (ix) CH_3I, $AgBF_4$; (x) $Co(OAc)_2$, LiCl, $AgBF_4$, $NaOPh(NO_2)_2$

图 6.4 配合物Ⅶ合成路线

Fig. 6.4 Synthetic route of complex Ⅶ

化合物 4-叔丁基-2-溴苯酚(18):500 mL 圆底烧瓶中,将化合物 1(15.0 g,0.10 mol)和溴化铜(48.0 g,0.21 mol)溶于 300 mL 精制乙腈中,室温下反应 1 h。TLC 跟踪反应至原料无剩余,停止反应,减压除去有机溶剂。残余物溶于100 mL乙酸乙酯,加入100 mL水,过滤。滤饼用50 mL乙酸乙酯洗涤,合并滤液并经饱和氯化钠洗涤(200 mL×3)、无水硫酸钠干燥后,减压除去溶剂得粗产物。应用柱色谱法(硅胶柱;展开剂:石油醚/乙酸乙酯=10/1)分离提纯,得到产品4-叔丁基-2-溴苯酚(18),为白色固体(产量:17.1 g;产率:75.0%)。^{1}H NMR(400 MHz,CDCl$_3$):δ 7.44(s,1H),7.28(d,J=8.8 Hz,1H),6.94(d,J=8.8 Hz,1H),5.38(s,1H),1.28(s,9H)。HRMS(m/z) Calcd. for [C$_{10}$H$_{14}$BrO]$^+$:229.022 8,found:229.025 8。

化合物 4-叔丁基-2-溴苯甲醚(19):500 mL 圆底烧瓶中,将化合物 18(17.0 g,0.075 mol)和无水碳酸钾(14.4 g,0.10 mol)溶于 300 mL 精制 N,N-二甲基甲酰胺中,加入碘甲烷(6.5 mL,0.10 mol),室温下反应 20 h。TLC 跟踪反应至原料无剩余,停止反应,缓慢加入 200 mL 1 mol/L 氢氧化钠溶液,充分搅拌后移入分液漏斗中,用乙酸乙酯萃取(100 mL×3)。合并的有机相经饱和氯化钠洗涤(200 mL×3)、无水硫酸钠干燥后,减压除去溶剂得粗产物。应用柱色谱法(硅胶柱;展开剂:石油醚/乙酸乙酯=10/1)分离提纯,得到产品4-叔丁基-2-溴苯甲醚(19),为无色油状物(产量:13.1 g;产率:72.7%)。^{1}H NMR(400 MHz,CDCl$_3$):δ 7.55(s,1H),7.28(d,J=8.8 Hz,1H),6.83(d,J=8.8 Hz,1H),3.87(s,3H),1.28(s,9H)。HRMS(m/z) Calcd. for [C$_{11}$H$_{16}$BrO]$^+$:243.038 4,found:243.036 8。

化合物 2-(5-叔丁基-2-甲氧基苯基)-1-乙醇(20)[77]:氮气保护下,将化合物 19(6.0 g,0.025 mol)溶于 50 mL 精制四氢呋喃中,冷却至-78 ℃,缓慢滴加 1.6 mol/L 的正丁基锂(18.8 mL,0.030 mol),

待滴加完毕,保持-78 ℃反应1.5 h。加入环氧乙烷(10.0 mL, 0.035 mol),然后升至室温反应2 h,停止反应。将反应液缓慢加入至饱和氯化铵溶液中,并用乙酸乙酯萃取(50 mL×3)。合并的有机相经饱和氯化钠洗涤(200 mL×1),无水硫酸钠干燥,减压除去溶剂得粗产物。应用柱色谱法(硅胶柱;展开剂:石油醚/乙酸乙酯=2/1)分离提纯,得到产品2-(5-叔丁基-2-甲氧基苯基)-1-乙醇(20),为无色油状物(产量:3.7 g;产率:65.1%)。^{1}H NMR(400 MHz, CDCl$_3$):δ 7.22(d, J=8.0 Hz, 1H), 7.18(s, 1H), 6.80(d, J=8.4 Hz, 1H), 3.81~3.85(m, 5H), 2.91(t, J=6.4 Hz, 2H), 1.30(s, 9H)。HRMS(m/z) Calcd. for [C$_{13}$H$_{21}$O$_2$]$^+$: 209.154 1, found: 209.155 8。

化合物2-(2-溴乙基)-4-叔丁基苯甲醚(21):100 mL圆底烧瓶中,将化合物20(3.6 g, 0.016 mol)溶于50 mL精制甲苯中,加入三溴化磷(3.1 mL, 0.032 mol),升温到110 ℃,反应3 h。停止反应,冷却至室温后,反应液缓慢加入至水中,搅拌0.5 h,分出有机相,水相用二氯甲烷萃取(50 mL×3),合并有机相,分别经饱和碳酸氢钠溶液(250 mL×1)和饱和氯化钠洗涤(250 mL×1),无水硫酸钠干燥,减压除去溶剂得粗产物。应用柱色谱法(硅胶柱;展开剂:石油醚/乙酸乙酯=10/1)分离提纯,得到产物2-(2-溴乙基)-4-叔丁基苯甲醚(21),为无色油状物(产量:2.8 g;产率:65.2%)。^{1}H NMR(400 MHz, CDCl$_3$):δ 7.24(d, J=8.4 Hz, 1H), 7.16(s, 1H), 6.78(d, J=8.4 Hz, 1H), 3.80(s, 3H), 3.57(t, J=8.0 Hz, 2H), 3.16(t, J=8.0 Hz, 2H), 1.30(s, 9H)。HRMS(m/z)Calcd. for [C$_{13}$H$_{20}$BrO]$^+$: 271.069 7, found: 271.067 4。

化合物4-叔丁基-2-(2-(二乙基氨基)乙基)苯甲醚(22):

100 mL圆底烧瓶中,将化合物21(2.2 g,0.008 mol)和无水碳酸钾(2.4 g,0.016 mol)溶于50 mL精制乙腈,加入精制二乙胺(1.5 mL,0.016 mol),在80 ℃反应24 h,TLC跟踪反应至原料无剩余,停止反应,待反应液冷却至室温,过滤,减压除去溶剂得到粗产物,为白色浑浊液体。将其溶于少量的乙酸乙酯中,加入40 mL 2 mol/L的稀盐酸溶液,剧烈搅拌0.5 h。分出水相,有机相用水萃取(20 mL×3),合并水相,缓慢加入饱和碳酸氢钠溶液使其碱化,用二氯甲烷萃取(50 mL×3)。合并的有机相经饱和氯化钠洗涤(200 mL×1),无水硫酸钠干燥,减压除去溶剂得产物4-叔丁基-2-(2-(二乙基氨基)乙基)苯甲醚(22),为白色固体(产量:1.4 g;产率:63.5%)。^{1}H NMR(400 MHz,CDCl$_3$):δ 7.16~7.20(m,2H),6.77(d,J = 8.4 Hz,1H),3.80(s,3H),2.69~2.82(m,8H),1.29(s,9H),1.14(t,J = 7.2 Hz,6H)。HRMS(m/z) Calcd. for [C$_{17}$H$_{30}$NO]$^+$:264.2327,found:264.2349。

化合物4-叔丁基-2-(2-(二乙基氨基)乙基)苯酚(23):氮气保护下,将化合物22(1.2 g,4.5 mmol)溶于50 mL精制二氯甲烷中,冷却至−78 ℃,缓慢滴加溶有三溴化硼(2.2 mL,22.5 mmol)的10 mL二氯甲烷,待滴加完毕后,保持−78 ℃反应1 h,然后升至室温反应12 h,停止反应。将反应液缓慢加入至饱和碳酸氢钠溶液中,保持溶液呈碱性,分出有机相,水相用二氯甲烷萃取(50 mL×3)。合并的有机相经饱和氯化钠洗涤(200 mL×1),无水硫酸钠干燥,减压除去溶剂得粗产物,为橘黄色油状物。将该粗产物溶于少量的乙酸乙酯中,加入60 mL 2 mol/L的稀盐酸,剧烈搅拌0.5 h。分出水相,有机相用水萃取(20 mL×3),合并水相,缓慢加入饱和碳酸氢钠溶液使其碱化,经二氯甲烷萃取(50 mL×3)。合并的有机相经饱和氯化钠洗涤(200 mL×1),无水硫酸钠干燥,减压除去溶剂得产物 4-叔丁基-2-(2-(二乙基氨基)乙基)苯酚(23),为白色固体(产量:0.73 g;产率:65.2%)。^{1}H NMR(400 MHz,CDCl$_3$):δ 7.12(d,J=8.4 Hz,1H),6.97(s,1H),6.79(d,J=8.4 Hz,1H),2.56~2.81(m,8H),1.26(s,9H),1.08(t,J=7.2 Hz,6H)。HRMS(m/z) Calcd. for [C$_{16}$H$_{28}$NO]$^+$:250.211 7,found:250.209 4。

化合物 5-叔丁基-3-(2-(二乙基氨基)乙基)-2-羟基苯甲醛(24):氮气保护下,化合物 23(0.50 g,2.0 mmol)溶于 40 mL 精制四氢呋喃中,加入精制三乙胺(0.55 mL,4.0 mmol)和无水氯化镁(0.38 g,4.0 mmol),室温下搅拌 15 min 后,加入多聚甲醛(0.18 g,6.0 mmol),升温至回流反应 3 h,TLC 跟踪反应至原料无剩余,停止反应。待反应液冷却至室温后,加入 50 mL 水,二氯甲烷萃取(30 mL×3)。合并的有机相经饱和氯化钠洗涤(100 mL×1),无水硫酸钠干燥,减压除去溶剂得粗产品。应用柱色谱法(硅胶柱;展开剂:二氯甲烷/甲醇=10/1)分离提纯,得到产物 5-叔丁基-3-(2-(二乙基氨基)乙基)-2-羟基苯甲醛(24),为淡黄色固体(产量:0.51 g;产率:90.8%)。^{1}H NMR(400 MHz,CDCl$_3$):δ 11.19(s,1H),10.27(s,1H),7.55(s,1H),7.36(s,1H),2.61~2.94(m,8H),1.32(s,9H),1.09(t,J=7.2 Hz,6H)。^{13}C NMR(100 MHz,CDCl$_3$):δ 195.0,158.2,142.1,134.4,129.5,126.1,121.1,50.6,46.5,34.1,31.4,27.6,10.0。HRMS(m/z) Calcd. for [C$_{17}$H$_{28}$NO$_2$]$^+$:278.212 0,found:278.215 8。

化合物 25:100 mL 圆底烧瓶中,将环己二胺单盐酸盐(0.15 g,1.0 mmol)和3,5-二叔丁基水杨醛(0.28 g,1.2 mmol)溶于 30 mL 无水甲醇,加入 5 A 分子筛。室温下反应 2 h 后,加入精制三乙胺(0.27 mL,2.0 mmol)和化合物 24(0.28 g,1.0 mmol),再补加 30 mL 乙醇,继续搅拌 4 h。停止反应,抽滤,滤饼用二氯甲烷洗涤,滤液减压除去溶剂后得粗产品。应用柱色谱法(硅胶柱;展开剂:石油醚/乙酸乙酯/三乙胺=100/10/1)分离提纯,得到化合物 25,为黄色固体(产量:0.31 g;产率:52.5%)。^{1}H NMR(400 MHz,CDCl$_3$): δ 13.63(s,1H),13.35(s,1H),8.31(s,1H),8.29(s,1H),7.31(s,1H),7.18(s,1H),6.98(s,1H),6.96(s,1H),3.34~3.36(m,2H),2.58~2.86(m,8H),1.59~1.93(m,8H),1.37(s,9H),1.28(s,9H),1.26(s,9H),1.05(t,J=7.2 Hz,6H)。HRMS(*m/z*) Calcd. for [C$_{38}$H$_{60}$N$_3$O$_2$]$^+$: 590.468 5, found: 590.466 1。

配体 L$_\text{Ⅶ}$:25 mL 圆底烧瓶中,将化合物 25(0.29 g,0.50 mmol)溶于 10 mL 精制乙腈,加入碘甲烷(0.047 mL,0.75 mmol),避光搅拌反应 24 h,TLC 跟踪反应至原料无剩余,停止反应,减压除去溶剂得到黄色固体。将该固体溶于 20 mL 无水乙醇,加入四氟硼银(0.12 g,0.60 mmol),避光搅拌反应 1 h,停止反应。过滤除去不溶物,减压除去溶剂得到粗产物。应用柱色谱法(硅胶柱;展开剂:二氯甲烷/甲醇=10/1)分离提纯,得到配体 L$_\text{Ⅶ}$,为黄色固体(产量:0.20 g;产率:58.0%)。^{1}H NMR(400 MHz,CDCl$_3$): δ 13.73(s,1H),13.57(s,1H),8.32(s,1H),8.30(s,1H),7.32(s,1H),7.17(s,1H),7.09(s,1H),7.04(s,1H),3.18~3.46(m,8H),2.97(s,3H),2.75(t,J=6.8 Hz,2H),1.59~2.04(m,8H),1.45(s,9H),1.21~1.31(m,24H)。^{13}C NMR(100 MHz,CDCl$_3$): δ 166.0,165.3,158.2,157.1,141.3,140.1,136.8,130.3,126.9,

126.7,126.3,126.1,118.0,117.8,73.6,72.3,59.6,54.6,47.9,35.3,34.2,33.8,33.1,32.9,31.7,27.6,24.5,24.4,7.9。HRMS(m/z)Calcd. for $[C_{39}H_{62}N_3O_2]^+$：604.483 7,found：604.484 8。

配合物Ⅶ：50 mL 圆底烧瓶中，将配体 $L_Ⅶ$(0.17 g,0.25 mmol)和脱去结晶水的醋酸钴(0.09 g,0.50 mmol)溶于 10 mL 无水甲醇中，室温搅拌反应 12 h。加入无水氯化锂(0.021 g,0.50 mmol)，通入氧气，继续反应 12 h。停止反应，减压除去溶剂，残余物溶于 20 mL 二氯甲烷中，分别经饱和碳酸氢钠溶液(50 mL×3)和饱和氯化钠溶液(50 mL×3)洗涤。有机相经无水硫酸钠干燥后，减压除去溶剂。再将残余物溶于 10 mL 二氯甲烷中，加入四氟硼银(0.10 g,0.50 mmol)，避光反应 24 h。过滤除去不溶物，滤液中加入 2,4-二硝基苯酚钠(0.10 g,0.50 mmol)，室温反应 2 h。过滤除去不溶的无机盐，减压除去溶剂。粗产物用二氯甲烷和正己烷重结晶，得到配合物Ⅶ，为棕色固体(产量：0.22 g；产率：90.5％)。^{1}H NMR(DMSO-d_6)：δ 8.64(s,2H),7.99(s,1H),7.90(s,1H),7.83(m,2H),7.60(s,1H),7.58(s,1H),7.47(s,1H),7.45(s,1H),6.36(m,2H),3.39～3.74(m,10H),3.15(s,3H),3.07(m,2H),2.01(m,2H),1.91(m,2H),1.75(s,9H),1.60(m,2H),1.32(s,9H),1.30(s,9H),1.28(m,6H)。^{13}C NMR(DMSO-d_6)：δ 164.6,164.5,161.7,160.8,141.3,137.2,135.9,132.1,129.8,129.2,128.7,127.4,125.0,118.7,118.2,69.6,68.9,60.5,55.6,46.9,35.4,33.5,33.4,31.3,31.2,30.2,29.3,24.1,22.6,7.5。HRMS(m/z)Calcd. for $[C_{45}H_{63}CoN_5O_7]^+$：844.405 9,found：844.409 3。

6.1.3 配合物Ⅷ的合成

配合物Ⅷ合成路线如图 6.5 所示。

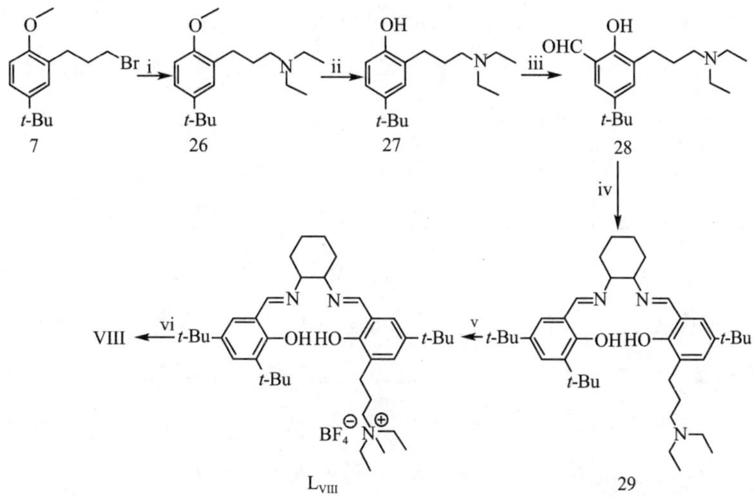

(i)Et_2NH；(ii)BBr_3；(iii)$(HCHO)_n$，$MgCl_2$，Et_3N；(iv)环己二胺单盐酸盐，3,5-二叔丁基水杨醛，Et_3N；(v)CH_3I，$AgBF_4$；(vi)$Co(OAc)_2$，LiCl，$AgBF_4$，$NaOPh(NO_2)_2$

图 6.5　配合物Ⅷ合成路线

Fig. 6.5　Synthetic route of complex Ⅷ

化合物 4-叔丁基-2-(3-(二乙基氨基)丙基)苯甲醚(26)：100 mL圆底烧瓶中,将化合物7(2.6 g,0.009 mol)和无水碳酸钾(2.5 g,0.018 mol)溶于 50 mL 精制乙腈,加入精制二乙胺(1.6 mL,0.018 mol),在 80 ℃反应 24 h,TLC跟踪反应至原料无剩余,停止反应,待反应液冷却至室温,过滤,减压除去溶剂得到粗产物,为白色浑浊液体。将其溶于少量的乙酸乙酯中,加入 40 mL 2 mol/L 的稀盐酸溶液,剧烈搅拌 0.5 h。分出水相,有机相用水萃取(20 mL×3),合并水相,缓慢加入饱和碳酸氢钠溶液使其碱化,用二氯甲烷萃取(50 mL×3)。合并的有机相经饱和氯化钠洗涤(200 mL×1),无水硫酸钠干燥,减压除去溶剂得产物 4-叔丁基-2-(3-(二乙基氨基)丙基)苯甲醚(26),为白色固体(产量:1.7 g;产率:69.5%)。^{1}H NMR(400 MHz,CDCl$_3$):δ 7.18~7.20(m,2H),6.77(d,J=8.4 Hz,1H),3.78(s,3H),2.50~2.65(m,8H),1.84(m,2H),1.30(s,9H)。1.11(t,J=7.2 Hz,6H)。HRMS(m/z) Calcd. for [C$_{18}$H$_{32}$NO]$^+$:278.256 2,found:278.256 7。

化合物 4-叔丁基-2-(3-(二乙基氨基)丙基)苯酚(27):氮气保护下,将化合物 26(5.5 g,0.02 mol)溶于 50 mL 精制二氯甲烷中,冷却至-78 ℃,缓慢滴加溶有三溴化硼(10.0 mL,0.10 mol)的 10 mL 二氯甲烷,待滴加完毕后,保持-78 ℃反应 1 h,然后升至室温反应 12 h,停止反应。将反应液缓慢加入至饱和碳酸氢钠溶液中,保持溶液呈碱性,分出有机相,水相用二氯甲烷萃取(50 mL×3)。合并的有机相经饱和氯化钠洗涤(200 mL×1),无水硫酸钠干燥,减压除去溶剂得粗产物,为橘黄色油状物。将该粗产物溶于少量的乙酸乙酯中,加入 60 mL 2 mol/L 的稀盐酸,剧烈搅拌 0.5 h。分出水相,有机相用水萃取(20 mL×3),合并水相,缓慢加入饱和碳酸氢钠溶液使其碱化,经二氯甲烷萃取(50 mL×3)。合并的有机相经饱和氯化钠洗涤(200 mL×1),无水硫酸钠干燥,减压除去溶剂得产物 4-叔丁基-2-(3-(二乙基氨基)丙基)苯酚(27),为白色固体(产量:3.2 g;产率:61.2%)。^{1}H NMR(400 MHz,CDCl$_3$):δ 7.11(d,J=8.4 Hz,1H),7.04(s,1H),6.88(d,J=8.4 Hz,1H),2.70~2.76(m,8H),1.86(m,2H),1.32(s,9H),1.17(t,J=7.2 Hz,6H)。HRMS(m/z) Calcd. for [C$_{17}$H$_{30}$NO]$^+$:264.240 5,found:265.241 7。

化合物 5-叔丁基-3-(3-(二乙基氨基)丙基)-2-羟基苯甲醛(28):氮气保护下,化合物 27(1.5 g,0.006 mol)溶于 40 mL 精制四氢呋喃中,加入精制三乙胺(1.6 mL,0.012 mol)和无水氯化镁(1.1 g,0.012 mol),室温下搅拌 15 min 后,加入多聚甲醛(0.69 g,0.024 mol),升温至回流反应 3 h,TLC 跟踪反应至原料无剩余,停止反应。待反应液冷却至室温后,加入 50 mL 水,二氯甲烷萃取(50 mL×3)。合并的有机相经饱和氯化钠洗涤(200 mL×1),无水硫酸钠干燥,减压除去溶剂得粗产品。应用柱色谱法(硅胶柱;展开剂:二氯甲烷/甲醇=10/1)分离提纯,得到产物 5-叔丁基-3-(3-(二乙基氨基)丙基)-2-羟基苯甲醛(28),为黄色固体(产量:1.4 g;产率:88.8 %)。^{1}H NMR(400 MHz,CDCl$_3$):δ 11.17(s,1H),10.09(s,1H),7.46(s,1H),7.42(s,1H),2.68~2.74(m,6H),2.60(t,J=7.2 Hz,2H),1.91(m,2H),1.31(s,9H),1.29(t,J=7.2 Hz,6H)。^{13}C NMR(100 MHz,CDCl$_3$):δ 195.4,158.4,142.2,134.8,129.7,126.0,121.2,50.9,46.1,34.1,31.4,27.1,26.2,10.3。HRMS(m/z) Calcd. for [C$_{18}$H$_{30}$NO$_2$]$^+$:292.235 5,found:292.235 8。

化合物 29:100 mL 圆底烧瓶中,将环己二胺单盐酸盐(0.15 g,1.0 mmol)和 3,5-二叔丁基水杨醛(0.28 g,1.2 mmol)溶于 30 mL 无水甲醇,加入 5 A 分子筛。室温下反应 2 h 后,加入精制三乙胺(0.27 mL,2.0 mmol)和化合物 28(0.29 g,1.0 mmol),再补加 30 mL 乙醇,继续搅拌 4 h。停止反应,抽滤,滤饼用二氯甲烷洗涤,滤液减压除去溶剂后得粗产品。应用柱色谱法(硅胶柱;展开剂:石油醚/乙酸乙酯/三乙胺=100/10/1)分离提纯,得到化合物 29,为黄色固体(产量:0.35 g;产率:58.7%)。^{1}H NMR(400 MHz,

CDCl$_3$）：δ 13.70(s,1H),13.40(s,1H),8.29(s,1H),8.27(s,1H),7.30(s,1H),7.16(s,1H),6.98(s,1H),6.96(s,1H),3.30~3.33(m,2H),2.48~2.73(m,8H),1.67~1.96(m,10H),1.41(s,9H),1.24(s,9H),1.22(s,9H),1.00(t,J=7.2 Hz,6H)。HRMS(m/z)Calcd. for [C$_{39}$H$_{62}$N$_3$O$_2$]$^+$：604.492 0,found：604.495 8。

配体 L$_\mathrm{Ⅷ}$：25 mL 圆底烧瓶中,将化合物 29(0.35 g,0.58 mmol)溶于 10 mL 精制乙腈,加入碘甲烷(0.055 mL,0.88 mmol),避光搅拌反应 24 h,TLC 跟踪反应至原料无剩余,停止反应,减压除去溶剂得到黄色固体。将该固体溶于 40 mL 无水乙醇,加入四氟硼银(0.14 g,0.70 mmol),避光搅拌反应 1 h,停止反应。过滤除去不溶物,减压除去溶剂得到粗产物。应用柱色谱法(硅胶柱;展开剂：二氯甲烷/甲醇=10/1)分离提纯,得到配体 L$_\mathrm{Ⅷ}$,为黄色固体(产量：0.21g;产率：50.5%)。^{1}H NMR(400 MHz,CDCl$_3$)：δ 13.70(s,1H),13.50(s,1H),8.33(s,1H),8.30(s,1H),7.32(s,1H),7.17(s,1H),7.05(s,1H),7.01(s,1H),3.15~3.37(m,8H),2.95(s,3H),2.69(m,2H),1.48~2.01(m,10H),1.40(s,9H),1.20~1.28(m,24H)。^{13}C NMR(100 MHz,CDCl$_3$)：δ 165.8,165.3,158.1,157.0,141.4,140.2,136.6,130.5,126.9,126.8,126.3,126.0,117.9,117.8,73.1,71.9,59.9,56.8,47.4,35.1,34.2,34.0,33.6,33.1,32.6,31.5,29.5,27.3,24.5,24.4,22.1,7.8。HRMS(m/z)Calcd. for [C$_{40}$H$_{64}$N$_3$O$_2$]$^+$：618.499 9,found：618.499 9。

配合物Ⅷ：50 mL 圆底烧瓶中,将配体 L$_\mathrm{Ⅷ}$(0.35 g,0.50 mmol)和脱去结晶水的醋酸钴(0.18 g,1.0 mmol)溶于 10 mL 无水甲醇中,室温搅拌反应 12 h。加入无水氯化锂(0.047 g,1.10 mmol),通入氧气,继续反应 12 h。停止反应,减压除去溶剂,残余物溶于 50 mL

二氯甲烷中,分别经饱和碳酸氢钠溶液(50 mL×3)和饱和氯化钠溶液(50 mL×3)洗涤。有机相经无水硫酸钠干燥后,减压除去溶剂。再将残余物溶于 10 mL 二氯甲烷中,加入四氟硼银(0.19 g, 1.0 mmol),避光反应 24 h。过滤除去不溶物,滤液中加入 2,4-二硝基苯酚钠(0.20 g, 1.0 mmol),室温反应 2 h。过滤除去不溶的无机盐,减压除去溶剂。粗产物用二氯甲烷和正己烷重结晶,得到配合物Ⅷ,为棕色固体(产量:0.47 g;产率:90.2%)。^{1}H NMR (400 MHz, DMSO-d_6): δ 8.60(s, 2H), 7.98(s, 1H), 7.90(s, 1H), 7.81(m, 2H), 7.51(s, 1H), 7.47(s, 1H), 7.45(s, 1H,), 7.41(s, 1H), 6.35(m, 2H), 3.55~3.58(m, 2H), 3.28~3.41(m, 6H), 3.03(t, J = 6.8 Hz, 2H), 2.98~3.01(m, 2H), 2.90(s, 3H), 1.49~2.16(m, 8H), 1.75(s, 9H), 1.30(s, 9H), 1.28(s, 9H), 1.22(t, J = 7.2 Hz, 6H)。^{13}C NMR(100 MHz, DMSO-d_6): δ 169.8, 164.4, 164.1, 162.0, 160.9, 141.5, 136.9, 135.8, 132.8, 131.8, 128.8, 128.5, 127.7, 127.4, 124.7, 118.6, 118.4, 69.4, 69.0, 59.8, 55.6, 46.6, 35.4, 33.4, 33.3, 31.3, 31.2, 30.2, 29.3, 29.2, 26.8, 24.1, 22.2, 7.9。HRMS (m/z) Calcd. for [$C_{46}H_{65}CoN_5O_7$]$^+$: 858.4216, found: 858.4235。

配合物(1R, 2R)-Ⅷ:除了用(1R, 2R)-环己二胺单盐酸盐代替外消旋体的环己二胺单盐酸盐外,其余合成方法同配合物Ⅷ。^{1}H NMR(400 MHz, DMSO-d_6): δ 8.60(s, 2H), 7.98(s, 1H), 7.91(s, 1H), 7.81(m, 2H), 7.51(s, 1H), 7.48(s, 1H), 7.45(s, 1H,), 7.42(s, 1H), 6.35(m, 2H), 2.95~3.58(m, 12H), 2.92(s, 3H), 1.51~2.18(m, 8H), 1.75(s, 9H), 1.30(s, 9H), 1.29(s, 9H), 1.22(t, J = 7.2 Hz, 6H)。^{13}C NMR(100 MHz, DMSO-d_6): δ 169.8,

164.4,164.1,162.0,160.9,141.5,136.9,135.8,132.8,131.8,128.8,128.5,127.7,127.4,124.7,118.6,118.4,69.4,69.0,59.8,55.6,46.6,35.4,33.4,33.3,31.3,31.2,30.2,29.3,29.2,26.8,24.1,22.2,7.9。HRMS(m/z) Calcd. for [$C_{46}H_{65}CoN_5O_7$]$^+$:858.421 6,found：858.423 0。

6.2 配合物Ⅵ-Ⅷ催化 CO_2 与 PO 的共聚反应

6.2.1 配合物Ⅵ-Ⅷ催化 CO_2 和 PO 的共聚反应结果

本书首先采用配合物Ⅵ-Ⅷ催化 CO_2 和 PO 的共聚反应（表6.1）。

表6.1 配合物Ⅵ-Ⅷ催化 CO_2 和 PO 共聚反应的结果

Tab.6.1 Results of CO_2/PO copolymerization catalyzed by complexes Ⅵ-Ⅷ

编号	催化剂；$n(PO)/n(催化剂)$		时间/h	TOF 值/h^{-1}	PPC 选择性/%	M_n/(kg·mol^{-1})	PDI (M_w/M_n)
1	Ⅵ	5 000	24	79	98	74.1	1.19
2	Ⅶ	5 000	24	61	98	58.5	1.21
3	Ⅷ	5 000	6	388	>99	80.8	1.10
4	Ⅷ	25 000	10	378	>99	103.6	1.11
5	Ⅷ	50 000	12	361	>99	136.5	1.09

注：反应在纯 PO(14 mL,200 mmol)中,25 ℃,2.0 MPa CO_2 压力下进行.

从表6.1可以看出,配合物Ⅵ和Ⅶ并不能有效地催化 CO_2 和 PO 的共聚反应（编号1和2）。这可能是由于季铵盐与中心金属之间的距离较短,使得季铵盐中负离子或与季铵盐中正离子相连的聚碳酸酯链端负离子不利于亲核进攻分子内配位的 PO，只能通过分子间的协同催化实现聚合物的链增长。而由 1,3-亚丙基将季铵盐单元引入苯环 3 位的配合物Ⅷ展现了较高的活性。在 25 ℃，2.0 MPa 的 CO_2 压力下，当 PO 与Ⅷ的物质的量比为 5 000 时，TOF 值可达到 388 h^{-1}，聚合物选择性及碳酸酯单元含量均大于 99%（编号 3）。

作者也考察了催化剂浓度对共聚反应的影响。结果显示，当 PO 与Ⅷ的物质的量比由 5 000 增加至 50 000 时，共聚反应的速率几乎没有影响（编号 4 和 5）。同时，生成的聚合物具有较高的分子量和较窄的分子量分布。而在相同的反应条件下，等物质的量的配合物Ⅴ和 n-$Bu_4NX(X=OPh(NO_2)_2)$ 组成的双组分体系则几乎完全失去催化活性（TOF 值<5 h^{-1}）。

6.2.2　反应温度对共聚反应的影响

SalenCo(Ⅲ)X/季铵盐双组分体系在较高的温度下催化 CO_2 和 PO 的共聚反应时，虽然催化活性有显著的提高，但是生成的聚碳酸酯容易发生分子内的环消除反应，生成热力学更稳定的环状产物。当反应温度超过 80 ℃时，SalenCo(Ⅲ)X 配合物容易被还原为 SalenCo(Ⅱ)，从而失去催化活性。Nozaki 等报道的含有质子化哌啶的 SalenCo(Ⅲ)X 配合物在常温下能高选择性地制备聚碳酸酯，但反应温度升高至 60 ℃时，环状碳酸酯成为主要的产物[61]。Lee 等报道的双功能 SalenCo(Ⅲ)X 配合物在反应温度由 50 ℃升高至 90 ℃时，催化活性由 650 h^{-1} 增加到 3 500 h^{-1}，但聚合物选择性也从 100% 减少到 90%。作者研究了温度对配合物Ⅷ催化 CO_2 和 PO 共聚反应的活性和聚合物选择性的影响，结果如表 6.2 所示。

表 6.2 反应温度对配合物Ⅷ催化 CO_2 和 PO 共聚反应的影响

Tab. 6.2 Effect of temperature on the CO_2/PO copolymerization catalyzed by complex Ⅷ

编号	温度/℃	时间/h	TOF 值/h^{-1}	PPC 选择性/%	M_n/(kg·mol^{-1})	PDI (M_w/M_n)
1	25	10.0	378	>99	103.6	1.11
2	50	3.0	1 572	98	93.4	1.21
3	80	1.0	4 331	95	80.6	1.28
4	90	0.5	5 863	94	62.3	1.29

注:反应在纯 PO(n(PO)/n(Ⅷ)=25 000)中,1.5~2.5 MPa CO_2 压力下进行.

从表中可以看出,随着反应温度的升高,配合物Ⅷ的催化活性显著提高。当反应温度升高至 90 ℃时,TOF 值高达 5 863 h^{-1},同时聚合物的选择性为 94%(编号 4)。

6.3 配合物Ⅵ-Ⅷ催化 CO_2 与 CHO 的共聚反应

鉴于配合物Ⅷ能高效地催化 CO_2 与 PO 的共聚反应,并展现出良好的热稳定性,作者也将其应用于 CO_2 与 CHO 的共聚反应(图 6.6),重点考察了反应温度和反应压力对催化活性和聚碳酸酯选择性的影响。

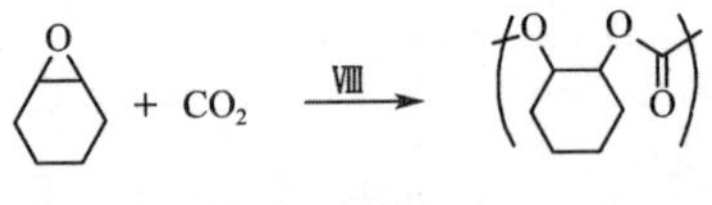

图 6.6 配合物Ⅷ催化 CO_2 与 CHO 的共聚反应

Fig. 6.6 Copolymerization of CO_2 and CHO catalyzed by complex Ⅷ

6.3.1 反应温度对共聚反应的影响

与 CO_2/PO 的共聚反应不同,CO_2/CHO 共聚反应即使在较高的温度下进行时,也主要生成聚合物。这是因为 PCHC 链段具有的刚性六元环状结构提高了分子内环消除反应的活化能,抑制了环状碳酸酯的生成。但是,CHO 中六元环结构的空间位阻也使得大部分催化体系在常温下不能催化该共聚反应。

与配合物Ⅰa不同,配合物Ⅷ中含有两个 2,4-二硝基苯酚根负离子且都可以亲核进攻配合的 CHO,当插入 CO_2 后形成的碳酸酯链可以稳定 $Co(Ⅲ)$,从而使得配合物Ⅷ能在不同温度下,高效地催化 CO_2 与 CHO 的共聚反应,其结果如表 6.3 所示。

表 6.3 反应温度对配合物Ⅷ催化 CO_2 和 CHO 共聚反应的影响

Tab. 6.3 Effect of temperature on the CO_2/CHO copolymerization catalyzed by complex Ⅷ

编号	温度/℃	时间/h	TOF 值/h^{-1}	M_n/(kg·mol^{-1})	PDI (M_w/M_n)
1	25	8.0	158	62.9	1.06
2	50	3.0	1 018	98.1	1.10
3	80	1.0	1 924	52.7	1.14
4	100	0.5	4 509	43.8	1.20
5	120	0.3	6 105	29.3	1.23

注:反应在纯 CHO(n(CHO)/n(Ⅷ)=5 000)中,1.5 MPa CO_2 压力下进行。

从表 6.3 可以看出,在 25 ℃和 1.5 MPa 的 CO_2 压力下,当 CHO 与Ⅷ的物质的量比为 5 000 时,配合物Ⅷ能高活性、高选择性地催化 CO_2 与 CHO 的共聚反应(编号 1),生成的聚合物具有较高的分子量和较窄的分子量分布(图 6.7)。而在相同的反应条件下,配合物 V/n-Bu_4NX(X=OPh$(NO_2)_2$)双组分体系的催化活性仅为 43 h^{-1}。

反应温度对配合物Ⅷ的催化活性也有着重要的影响(编号2~5)。当反应温度从25 ℃升高至100 ℃时,TOF值从158 h^{-1}增加到4 509 h^{-1};而且,当反应温度继续升高至120 ℃时,TOF值高达6 105 h^{-1},据作者所知,这是目前报道的最高值。

尽管锌配合物[9,78-79]和稀土配合物[53]也可以高活性地催化CO_2与CHO的共聚反应,但由于中心金属具有较强的Lewis酸性,产物中往往含有CHO均聚产生的聚醚,并随着反应温度的升高,聚醚的含量也会增加。而配合物Ⅷ催化CO_2与CHO共聚反应得到的聚合物中PCHC的含量超过99%,而且反应温度的升高对碳酸酯单元含量没有任何影响。

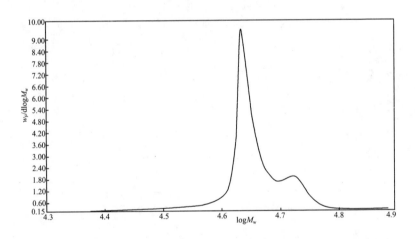

图6.7 PCHC的GPC谱图(表6.3,编号1)

Fig. 6.7 GPC curve of PCHC(Tab. 6.3, entry 1)

6.3.2 反应压力对共聚反应的影响

2003年,Inoue等首次报道了在常压下CO_2与CHO的共聚反应[80]。随后,人们对此产生了浓厚的兴趣,开发了镁[81]、锌[82-83]和铬[84]等配合物用于常压下催化该反应。但是,CHO 较大的空间位阻使得这些配合物即使在较高的温度下也只能展现出有限的催化活性。例如,Kember 等报道的双核锌配合物在 90 ℃和 0.1 MPa 的 CO_2 压力下,催化 CO_2 与 CHO 共聚反应的 TOF 值为 24 h^{-1}[82]。

作者也考察了压力对共聚反应的影响(表 6.4),发现配合物Ⅷ能在常温、常压下高效地催化 CO_2 与 CHO 的共聚反应,当 CHO 与Ⅷ的物质的量比为 5 000 时,TOF 值为 68 h^{-1},同时生成的聚碳酸酯选择性为>99%(编号 3)。而且当反应温度升高至 50 ℃时,TOF 值高达 265 h^{-1}(编号 4)。

表 6.4　反应压力对配合物Ⅷ催化 CO_2 和 CHO 共聚反应的影响

Tab. 6.4　Effect of pressure on the CO_2/CHO copolymerization catalyzed by complex Ⅷ

编号	压力/ MPa	温度/ ℃	时间/ h	TOF 值/ h^{-1}	M_n/ (kg·mol^{-1})	PDI (M_w/M_n)
1	1.5	25	8.0	158	62.9	1.06
2	0.6	25	8.0	143	58.9	1.06
3	0.1	25	8.0	68	24.7	1.08
4	0.1	50	5.0	265	48.2	1.12

注:反应在纯 CHO(n(CHO)/n(Ⅷ)=5 000)中进行.

6.4　CO_2/端位环氧烷烃/CHO 的三元共聚反应

以 PO 为代表的端位环氧烷烃与 CO_2 的共聚反应具有原料价廉易得、不需要添加有机溶剂等优点,但是生成的聚碳酸酯的玻璃化转变温度(T_g)普遍较低,这很大程度上限制了其在作为功能材料的应用。因此,调节端位聚碳酸酯的 T_g 具有非常重要的意义。

聚合物的化学结构是决定其热力学性能的最主要因素之一。例如,刚性结构的脂环族 PCHC 具有相对较高的玻璃化转变温度($T_g \approx 115\ ℃$)和热分解温度($\approx 300\ ℃$)。因此,制备 CO_2/端位环氧烷烃/CHO 三元共聚物是调控端位聚碳酸酯 T_g 的最有效方法之一。但是,在与 CO_2 共聚反应中,端位环氧烷烃和 CHO 的反应活性差别较大,因此生成的三元共聚物的化学组成较难控制[32,85]。例如,Darensbourg 等采用 2,6-二氟酚氧基锌配合物作为催化剂用于 CO_2/PO/CHO 的三元共聚反应,在 55 ℃ 和 4.5 MPa 的 CO_2 压力下,当单体中 PO 与 CHO 的物质的量比为 1∶1 时,生成的共聚物中 PPC 的含量只有 12%[32]。

2006 年,吕小兵课题组采用 SalenCo(Ⅲ)X 配合物和 PPNCl 组成的双组分体系在温和的条件下(25 ℃ 和 1.5 MPa 的 CO_2 压力),催化 CO_2/PO/CHO 的三元共聚反应(图 6.8),成功地制备了只有一个 T_g 和一个热分解温度的三元共聚物,并通过调节反应单体中 PO 与 CHO 的比例,可以相对精确地控制共聚物中 PPC 的含量,实现对共聚物的 T_g 在一定温度范围内(50~100 ℃)的调控[58]。但是,由于双组分体系的热稳定性较差,不能在高温下催化 CO_2/PO/CHO 的三元共聚反应,使得催化活性和所得共聚物的分子量都相对较低。因此,需要开发一类高活性、热稳定的催化剂用于 CO_2/端位环氧烷烃/CHO 的三元共聚反应。

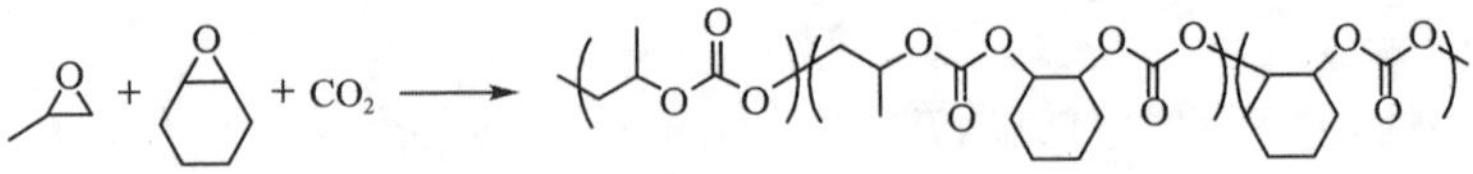

图 6.8　CO_2/PO/CHO 的三元共聚反应

Fig. 6.8　Terpolymerization of CO_2 with PO and CHO

6.4.1 配合物Ⅷ催化 CO_2/PO/CHO 的三元共聚反应

配合物Ⅷ能高效地催化 CO_2/PO 和 CO_2/CHO 的共聚反应，并展现出良好的热稳定性。本书也将其应用于 CO_2/PO/CHO 的三元共聚反应，结果如表6.5所示。

表6.5 配合物Ⅷ催化 CO_2/PO/CHO 三元共聚反应的结果

Tab. 6.5 Results of CO_2/PO/CHO terpolymerization catalyzed by complex Ⅷ

编号	环氧化物	温度/℃	时间/h	TOF值/h^{-1}	M_n/(kg·mol^{-1})	PDI (M_w/M_n)	CHC单元含量/%	T_g/℃	T_{50}/℃
1	PO/CHO	25	8.0	202	70.5	1.04	48	74	285
2	PO/CHO	60	1.5	1 246	82.1	1.14	49	77	290
3	PO/CHO	90	0.5	3 590	50.9	1.12	52	78	291

注1：反应在环氧化物(n(环氧化物)/n(Ⅷ)=5 000)中，1.5 MPa CO_2 压力下进行．
注2：CHO、PO物质的量比为1∶1．
注3：T_{50} 为TGA测得的聚合物50%分解时的温度．

从表6.5可以看出，配合物Ⅷ也能高活性、高选择性地催化 CO_2/PO/CHO 的三元共聚反应，生成的共聚物具有较高的分子量和较窄的分子量分布(图6.9)。当反应温度升至 90 ℃时，TOF值高达 3 590 h^{-1}，聚合物的选择性超过 99%。而在相同的反应条件下，配合物Ⅷ催化 CO_2 与 PO 共聚反应生成的产物中含有 6% 的环状碳酸酯。这说明在 CO_2/PO/CHO 的三元共聚反应中，CHO 的存在能有效地抑制环状碳酸酯的生成。

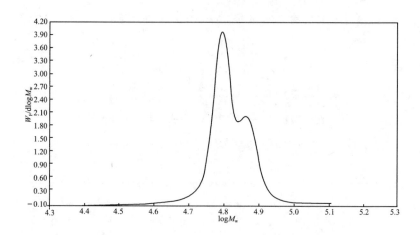

图 6.9 CO_2/PO/CHO 三元共聚物的 GPC 谱图(表 6.5,编号 1)

Fig. 6.9 GPC curve of the CO_2/PO/CHO terpolymer(Tab. 6.5, entry 1)

通过^{1}H NMR 波谱对三元共聚物的组成进行了分析(图 6.10)。化学位移 4.99 和 4.65 处的峰分别归属为碳酸丙烯酯单元(PC)和碳酸环己烯酯(CHC)单元的次甲基氢原子,因此可以通过比较这两处的积分面积计算三元共聚物中 CHC 的含量。另外,从图中可以看出,化学位移 3.4～3.5 处没有 PO 或 CHO 均聚产物中氢原子的峰,这也说明三元共聚物中碳酸酯单元含量超过 99%。

通过改变反应单体中 CHO 与 PO 的物质的量比,制备了一系列具有不同 CHC 单元含量的 CO_2/PO/CHO 三元共聚物,并对其 T_g 进行了测定(图 6.11)。从图中可以清楚地看到,三元共聚物的 T_g 与 CHC 单元的含量呈现正比的关系。当 CHC 单元含量增加时,三元共聚物表现出更高的热力学性能。

6 高活性、热稳定双功能三价钴催化剂的设计

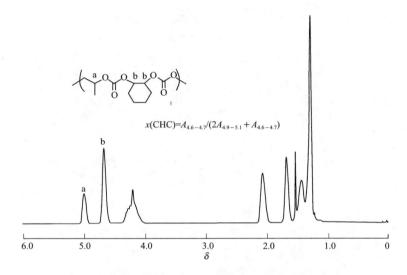

图 6.10　CO_2/PO/CHO 三元共聚物的 ^{1}H NMR 谱图

Fig. 6.10　^{1}H NMR spectrum of the CO_2/PO/CHO terpolymer

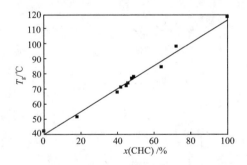

图 6.11　CO_2/PO/CHO 三元共聚物的 T_g 随 CHC 单元含量的变化图

Fig. 6.11　Plot of the T_g versus CHC units content in the CO_2/PO/CHO terpolymers

6.4.2　其他三元共聚物的制备及其热力学性能

配合物Ⅷ也能高活性、高选择性地催化 CO_2 和 CHO 及其他端位环氧烷烃的三元共聚反应,制备具有不同热力学性能的三元共聚物(表 6.6)。

单一组分三价钴配合物催化 CO_2 与环氧烷烃共聚

表 6.6　配合物Ⅷ催化 CO_2/其他脂肪族环氧烷烃/CHO 的三元共聚反应
Tab. 6.6　Terpolymerization of CHO and other aliphatic epoxides with CO_2 catalyzed by complex Ⅷ

编号	环氧化物	TOF 值/h^{-1}	M_n/(kg·mol^{-1})	PDI (M_w/M_n)	CHC 单元含量/%	T_g/℃	T_{50}/℃
1	EO/CHO	4 250	48.0	1.18	37	32	289
2	BuO/CHO	2 564	42.1	1.16	56	68	298
3	HO/CHO	1 958	39.7	1.15	65	72	302

注 1:反应在环氧化物(n(环氧化物)/n(Ⅷ)=5 000)中,90 ℃、2.5 MPa CO_2 压力下进行 0.5 h.
注 2:CHO 与脂肪族环氧烷烃物质的量比为 1∶1.

环氧乙烷(EO)具有较高的反应活性,所以生成的三元共聚物中 CHC 单元含量较低,只有 37%(编号 1)。而 1,2-环氧丁烷(BuO)和 1,2-环氧己烷(HO)则具有相对较低的反应活性,故共聚物中 CHC 单元的含量增加到 56% 和 65%(编号 2 和 3)。这些三元共聚物的热力学性能与 CO_2/PO/CHO 共聚物相似,也只有一个 T_g(图 6.12)和一个热分解温度(图 6.13~6.15)。另外,从上述图中也可以看出,随着环氧烷烃取代基位阻的增加,所得三元共聚物的热力学性能也有所提高。

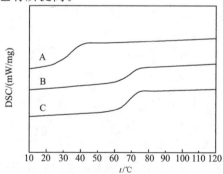

A:37% CHC 单元含量的 CO_2/EO/CHO;B:56% CHC 单元含量的 CO_2/BuO/CHO;C:65% CHC 单元含量的 CO_2/HO/CHO

图 6.12　三元共聚物的差示量热扫描图
Fig. 6.12　DSC thermograms of terpolymer

6 高活性、热稳定双功能三价钴催化剂的设计

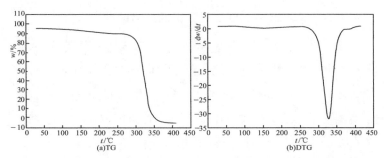

图 6.13　CO_2/EO/CHO(37% CHC 单元含量)三元共聚物的热失重及微分热失重曲线
Fig. 6.13　The TG and DTG curves of the CO_2/EO/CHO terpolymer containing 37% CHC linkage

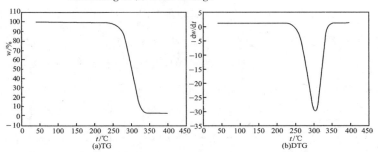

图 6.14　CO_2/BuO/CHO(56% CHC 单元含量)三元共聚物的热失重及微分热失重曲线
Fig. 6.14　The TG and DTG curves of the CO_2/BuO/CHO terpolymer containing 56% CHC linkage

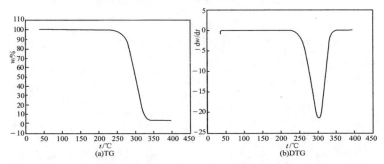

图 6.15　CO_2/HO/CHO(65% CHC 单元含量)三元共聚物的热失重及微分热失重曲线
Fig. 6.15　The TG and DTG curves of the CO_2/HO/CHO terpolymer containing 65% CHC linkage

6.4.3 CO_2/PO/CHO 三元共聚反应的区域化学

在相同的反应条件下,PO 与 CO_2 的反应速率要明显高于 CHO 与 CO_2 的反应速率(表 6.7)。然而,配合物Ⅷ催化等物质的量 PO 与 CHO 组成的环氧烷烃和 CO_2 发生三元共聚反应时,在不同反应温度下生成的共聚物中 PC 单元和 CHC 单元的含量都几乎相等(表 6.5,编号 1~3)。为了说明这个问题,研究了三元共聚反应中,PO 与 CHO 和 CO_2 的竞争聚合。在 25 ℃ 和 1.5 MPa 的 CO_2 压力下,配合物Ⅷ催化 CO_2/PO/CHO(PO 与 CHO 的物质的量比为 1∶1)三元共聚反应生成的聚合物中,CHC 单元的含量并不随着环氧烷烃转化而有较大的改变,始终保持在 50% 左右(图 6.16)。相比之下,当 CHO 与 PO 的物质的量比降低至 1/2,且环氧烷烃的转化率达到 20% 后,生成的三元共聚物中 CHC 单元的含量为 32%。以上的实验结果表明反应体系中 CHO 的存在抑制 PO 的反应活性,并使得二者在与 CO_2 的三元共聚反应中展现出几乎相同的反应速率。

表 6.7 配合物Ⅷ催化 CO_2 与 PO/CHO 的共聚反应

Tab. 6.7 Copolymerization of CO_2 with PO/CHO catalyzed by complex Ⅷ

编号	环氧烷烃	温度/℃	时间/h	TOF 值/h^{-1}	M_n/(kg·mol^{-1})	PDI (M_w/M_n)	T_g/℃	T_{50}/℃
1	PO	25	4.0	497	69.5	1.09	42	252
2	PO	90	0.5	5 160	58.8	1.22	42	252
3	CHO	25	8.0	158	62.9	1.06	118	310
4	CHO	90	0.5	3 020	40.6	1.15	118	310

注:反应在环氧化物中进行(n(环氧烷烃)/n(Ⅷ)=5 000)。

6 高活性、热稳定双功能三价钴催化剂的设计

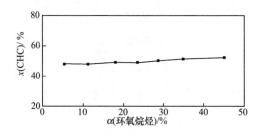

(环氧烷烃与配合物Ⅷ的物质的量比为 5 000,CHO 与 PO 的物质的量比为 1∶1)

图 6.16　配合物Ⅷ催化 CO_2/PO/CHO 三元共聚反应生成的聚合物中 CHC 单元含量与环氧烷烃转化率的关系

Fig. 6.16　The plot of the CHC unit content of the resulting terpolymers versus the conversion of epoxides in the CO_2/PO/CHO terpolymerization catalyzed by the complex Ⅷ

上一章的机理研究表明,增长的聚合物链容易从中心金属上解离,导致一个空的活性位点用于环氧烷烃的活化。在配合物Ⅷ催化 CO_2/PO/CHO 三元共聚反应中,当 PO 与 CHO 的物质的量比为 1∶1 时,CHO 较 PO 有更强的 Lewis 碱性和配位能力,导致反应体系中配位的 CHO(B)的浓度要高于配位的 PO(A)的浓度(图6.17)。同时,CHO 和 CHC 单元具有较大的空间位阻,使得链末端为 CHC 单元的负离子物种(D)亲核进攻物种 B 的反应速率明显要低于链末端为 PC 单元的负离子物种(C)亲核进攻物种 B 的反应速率。因此,物种 D 亲核进攻物种 A(k_4)以及物种 C 亲核进攻物种 B(k_3)就成为共聚反应主要的途径,使得生成的三元共聚物链段中 PC-CHC 或 CHC-PC 这两种单元连接方式的含量要高于 PC-PC 和 CHC-CHC。这说明三元共聚物中 PC 和 CHC 单元的含量相近时,二者主要以交替的顺序排列。作者课题组也曾采用电

喷雾质谱对 SalenCo(Ⅲ)X/MTBD 双组分体系催化 CO_2/PO/CHO 的三元共聚反应进行了跟踪,并清楚地检测到生成的三元共聚物中 PC 和 CHC 单元主要以交替的方式存在。然而,由于 2,4-二硝基酚氧根引发的聚碳酸酯链负离子在电喷雾质谱负模式下响应信号极弱,故没有检测到配合物Ⅷ作为催化剂时所得三元共聚物中碳酸酯单元的排列顺序。

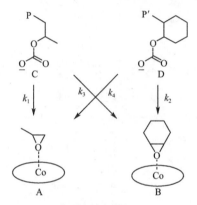

P,P′= 增长聚合物链

图 6.17 CO_2/PO/CHO 三元共聚反应中环氧烷烃的开环方式

Fig. 6.17 The pathways of epoxides ring-opening during CO_2/PO/CHO terpolymerization

CO_2 与 PO 的共聚反应中,提高反应温度使得 PO 开环反应的区域选择性下降,并造成聚碳酸酯的规整度降低。当反应温度由 25 ℃升高至 90 ℃时,配合物Ⅷ催化 CO_2 与 PO 共聚反应生成的 PPC 的头尾连接单元含量从 92%下降为 77%(图 6.18A 和 B)。然而,配合物Ⅷ催化 CO_2/PO/CHO 三元共聚反应时,生成的共聚物中羰基的微观结构并不随着反应温度的升高而有所变化(图 6.18C 和 D)。

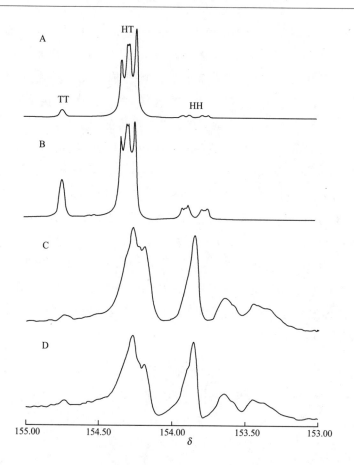

A:25 ℃下 CO_2/PO；B:90 ℃下 CO_2/PO；C:25 ℃下 CO_2/PO/CHO；D:90 ℃下 CO_2/PO/CHO

图 6.18　共聚反应生成的聚碳酸酯中羰基的 ^{13}C NMR 谱图

Fig. 6.18　The carbonyl region of the ^{13}C NMR spectra of polycarbonates resulted from copolymerization

此外，还考察了 CO_2/PO/CHO 三元共聚反应中，CHO 竞争配位聚合与 PO 开环反应区域选择性的关系。PO 开环反应的区域选择性对所得聚碳酸酯的光学纯度有着重要的影响[86]。如果 PO 的开环反应发生在亚甲基碳原子,可以生成头尾连接的聚碳酸酯,并使得次甲基上碳原子的立体化学构型得以保持;与之相反,如果 PO 的开环反应发生在次甲基碳原子,则生成头头或者尾尾连接的碳酸酯链,同时也会通过发生两次翻转而生成头尾连接单元的碳酸酯链,导致次甲基上碳原子的立体构型可能发生翻转(图 6.19)。另外,PPC 降解为环状碳酸酯的反应历程为烷氧基负离子亲核进攻分子内羰基碳原子,该过程可以保持次甲基碳原子的立体构型。因此,可以通过测定由 PPC 降解而生成的环状碳酸酯的 ee 值来评价 PO 开环反应的区域选择性。配合物 (1R,2R)-Ⅷ 催化 CO_2/(R)-PO/CHO(PO 与 CHO 的物质的量比为 1∶1)的三元共聚反应时,生成的聚合物中 PC 单元的 ee 值为 79%。而在相同的反应条件下,(1R,2R)-Ⅷ 催化 CO_2 与 (R)-PO 共聚反应生成的 PPC 的 ee 值也为 79%。这说明 CHO 竞争配位聚合对 PO 开环反应的区域选择性没有影响。

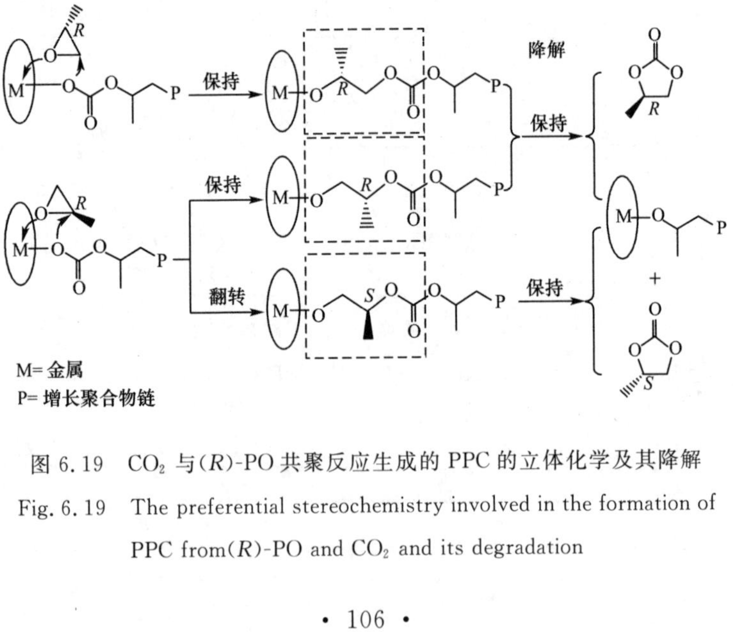

图 6.19　CO_2 与 (R)-PO 共聚反应生成的 PPC 的立体化学及其降解

Fig. 6.19　The preferential stereochemistry involved in the formation of PPC from (R)-PO and CO_2 and its degradation

6.5　本章小结

1. 根据分子内协同催化的理念，通过在配体中一个苯环的 3 位引入季铵盐，合成了一类双功能 SalenCo(Ⅲ)X 催化剂 Ⅵ-Ⅷ。配合物Ⅷ在较低的催化剂浓度下，能高效地催化 CO_2 和 PO 的共聚反应。在 90 ℃、1.5 MPa 的 CO_2 压力下，当 PO 与Ⅷ的物质的量比为 25 000 时，TOF 值可以达到 5 863 h^{-1}，同时聚合物的选择性为 94%。

2. 双功能配合物Ⅷ催化 CO_2 与 CHO 的共聚反应时，反应温度对催化活性有着重要的影响。当反应温度为 120 ℃时，TOF 值为 6 105 h^{-1}，这是目前报道的最高的催化活性，生成的聚合物中碳酸酯单元含量超过 99%。而且该配合物在 0.1 MPa 的 CO_2 压力下，也展现出较高的催化活性，同时反应压力的变化并没有对生成的聚合物中碳酸酯单元含量造成影响。

3. 双功能配合物Ⅷ能在常温或高温下，高活性、高选择性地催化 CO_2/端位环氧烷烃/CHO 的三元共聚反应。生成的共聚物只有一个 T_g 和一个热分解温度，并可以通过改变 CHC 单元的含量对 T_g 进行调控。当 PO 与 CHO 的物质的量比为 1∶1 时，在不同反应温度下，生成的三元共聚物中 PC 和 CHC 单元的含量几乎相等，这是由于反应过程中 CHO 的竞争配位抑制了 PO 的反应活性，使得二者在三元共聚反应中展现出几乎相同的反应速率。

7 手性钴配合物催化 CO_2 与外消旋 PO 不对称、区域和立体选择性共聚反应

聚碳酸酯作为一种可生物降解的高分子材料,链段的立体化学不仅与其物理性质存在密切的关系,而且还是影响其降解速率的重要因素。端位聚碳酸酯(如 PPC)链段的立体化学主要受环氧烷烃开环反应的区域选择性和动力学拆分效率控制。但是,大多数催化剂用于 CO_2 与 PO 共聚反应时,生成的聚碳酸酯的头尾连接单元含量较低[37,87-88],即使采用手性的配体,也很难实现外消旋 PO 的动力学拆分。因此,精确控制 CO_2 与外消旋 PO 共聚反应的立体化学,制备立构规整的聚碳酸酯是一个挑战性的课题。

1997 年,Jacobsen 课题组采用手性 SalenCo(Ⅲ)X 配合物成功地对外消旋 PO 进行了水解动力学拆分,得到了高光学纯度的环氧烷烃和二醇类产物,k_{rel} 最高可达 500[54]。该课题组在后续的研究中,提出了双金属协同开环反应机理[89-90],认为 SalenCo(Ⅲ)X 配合物和亲核试剂的协同作用是该过程具有优异动力学拆分的主要原因(图 7.1)。

7 手性钴配合物催化 CO_2 与外消旋 PO 不对称、区域和立体选择性共聚反应

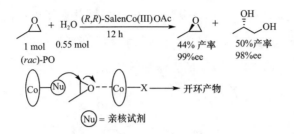

图 7.1 PO 的水解动力学拆分及其双金属协同开环机理

Fig. 7.1 Hydrolysis kinetic resolution of PO and the bimetallic ring-opening mechanism

2004 年,吕小兵教授首次以手性 SalenCo(Ⅲ)X 配合物为主催化剂、以季铵盐为助催化剂组成双组分催化体系,在温和条件下催化 CO_2 与外消旋 PO 的环加成反应,直接得到了具有光学活性的环状碳酸酯,k_{rel} 为 3.0～9.0[91]。另外还发现,在环状碳酸酯的合成过程中生成了少量的聚合物,于是通过对钴配合物轴向负离子和季铵盐负离子进行合理的调变,成功地将双组分催化体系用于 CO_2 与 PO 的共聚反应,得到了光学活性的聚碳酸酯,同时还首次将端位聚碳酸酯的头尾连接单元含量提高到 96%[56](图 7.2)。当用大位阻有机碱 MTBD 代替季铵盐时,生成的聚碳酸酯的 ee 值最高可达 69%,k_{rel} 为 6.2[57]。

前文中已经介绍,分子内含有大位阻有机碱 TBD 的 Salen-Co(Ⅲ)X 配合物能高活性、高选择性地催化 CO_2 与 PO 的共聚反应。在此基础上,作者将衍生化的联-2-萘酚和大位阻有机碱 TBD 同时引入 Salen 配体,并通过改变中心金属周围的空间位阻,合成了一类新型的手性 SalenCo(Ⅲ)X 配合物(图 7.3),用于催化 CO_2

与外消旋 PO 的不对称、区域和立体选择性共聚反应，旨在进一步提高聚碳酸酯的头尾连接单元含量和 PO 开环反应的动力学拆分系数，实现对该共聚反应的立体化学控制。

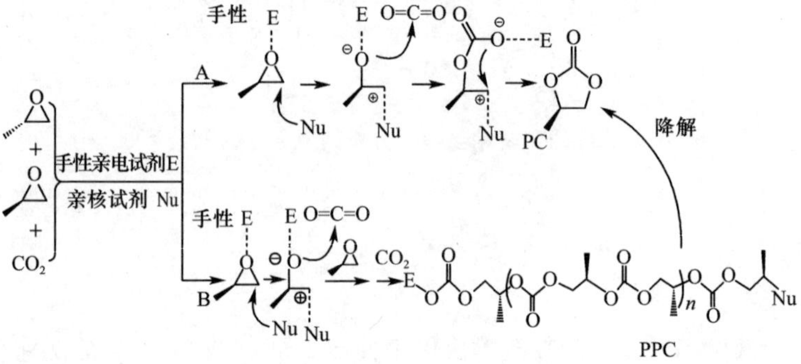
手性
E
O=C=O
手性亲电试剂E
亲核试剂 Nu
Nu
PC
降解
PPC
A
B
CO_2

图 7.2　双组分体系催化 CO_2 与外消旋 PO 制备具有光学活性的环状碳酸酯以及聚碳酸酯

Fig. 7.2　A binary catalyst system for the direct synthesis of enantiomerically pure cyclic carbonates or polycarbonates from coupling reaction of CO_2 and *rac*-PO

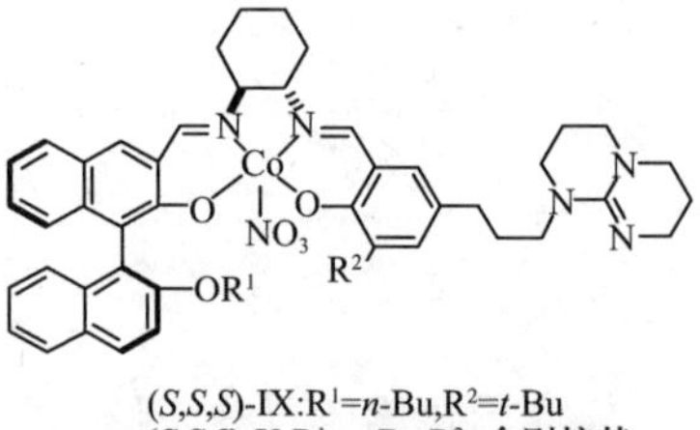
Co
NO_3
OR^1
R^2
(*S*,*S*,*S*)-IX:R^1=*n*-Bu,R^2=*t*-Bu
(*S*,*S*,*S*)-X:R^1=*n*-Bu,R^2=金刚烷基
(*S*,*S*,*S*)-XI:R^1=Me,R^2=金刚烷基
(*S*,*S*,*S*)-XII:R^1=*i*-Pr,R^2=金刚烷基

图 7.3　用于控制 CO_2 与 PO 共聚反应立体化学的手性 SalenCo(Ⅲ)X 配合物

Fig. 7.3　Chiral SalenCo(Ⅲ)X complexes for controlling stereochemistry of the CO_2/PO copolymerization

7 手性钴配合物催化 CO_2 与外消旋 PO 不对称、区域和立体选择性共聚反应

7.1 配合物 Ⅸ-Ⅻ 合成

7.1.1 （S）-联-2-萘酚衍生物的合成

（S）-联-2-萘酚衍生物[92]合成路线如图 7.4 所示。

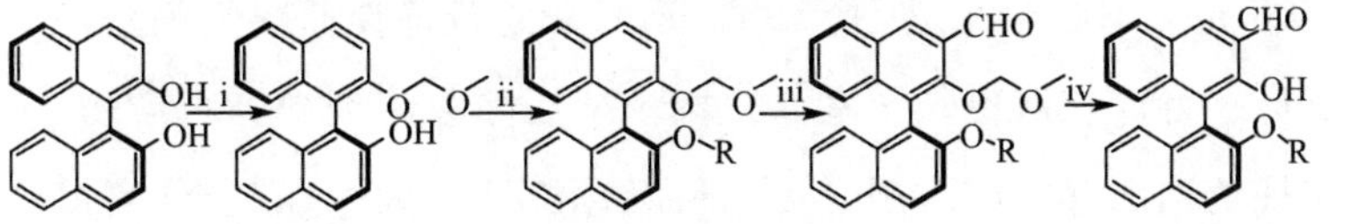

30　　31　　32　　a:R=Me　33　　34
　　　　　　　　　b:R=n-Bu
(i)MOMCl; (ii)RI;(iii)n-BuLi,DMF;(iv)浓HCl　c:R=i-Pr

图 7.4 （S）-联-2-萘酚衍生物合成路线

Fig. 7.4 Synthetic route of(S)-bi-2-naphthol derivative

化合物（S）-2-甲氧基甲氧基-2′-羟基-1,1′-联萘（31）：500 mL 圆底烧瓶中，将（S）-联-2-萘酚（30）(28.6 g,0.10 mol)溶于 200 mL 二氯甲烷。在 0 ℃下加入二异丙基乙基胺（39.5 mL,0.22 mol），保持 0 ℃反应 2.5 h，加入 MOMCl(13.0 g,0.15 mol)，升至室温反应 45 min，TLC 跟踪反应至原料无剩余，停止反应，缓慢加入 2 mol/L 盐酸溶液直至反应液呈酸性。反应液移入分液漏斗中，用二氯甲烷萃取（100 mL×3）。合并的有机相经饱和氯化钠洗涤（200 mL×3）、无水硫酸钠干燥后，减压除去溶剂得粗产物。应用柱色谱法（硅胶柱；展开剂：石油醚/丙酮＝5/1）分离提纯，得到化合物（S）-2-甲氧基甲氧基-2′-羟基-1,1′-联萘（31），为白色固体（产量：24.5 g；产率：73.8％）。^{1}H NMR(400 MHz,CDCl$_3$)：δ 8.02(d, J =8.8 Hz,1H),7.90(d, J =8.8 Hz,2H),7.85(d, J =8.8 Hz, 1H),7.59(d, J =8.8 Hz,1H),7.40(t, J =8.8 Hz,1H),7.24～7.36(m,4H),7.20(t, J =8.4 Hz,1H),7.07(d, J =8.4 Hz, 1H),5.10(d, J =8.4 Hz,1H),5.05(d, J =8.4 Hz,1H),4.97

(br,1H),3.18(s,3H)。

化合物(S)-2-甲氧基甲氧基-2′-甲氧基-1,1′-联萘(32a)：250 mL圆底烧瓶中，将化合物31(6.6 g,0.02 mol)和无水碳酸钾(5.6 g,0.04 mol)溶于100 mL精制乙腈,加入碘甲烷(1.9 mL,0.03 mol),加热回流反应6 h。TLC跟踪反应至原料无剩余,停止反应。待反应液冷却至室温,过滤,减压除去溶剂得到粗产物。应用柱色谱法(硅胶柱;展开剂:石油醚/乙酸乙酯=10/1)分离提纯,得到化合物(S)-2-甲氧基甲氧基-2′-甲氧基-1,1′-联萘(32a),为白色固体(产量:6.5 g;产率:93.8%)。^{1}H NMR(400 MHz,CDCl$_3$)：δ 7.97(d,J=8.8 Hz,1H),7.94(d,J=8.8 Hz,1H),7.86(d,J=8.8 Hz,1H),7.85(d,J=8.8 Hz,1H),7.56(d,J=8.8 Hz,1H),7.44(t,J=8.8 Hz,1H),7.28～7.35(m,2H),7.18～7.23(m,2H),7.11～7.13(m,2H),5.06(d,J=6.8 Hz,1H),4.98(d,J=6.8 Hz,1H),3.76(s,3H),3.15(s,3H)。

化合物(S)-2-甲氧基甲氧基-2′-丁氧基-1,1′-联萘(32b)：除了用碘丁烷代替碘甲烷,其余合成方法同32a。(产率:87.6%)。^{1}H NMR(400 MHz,CDCl$_3$)：δ 7.93(d,J=8.4 Hz,1H),7.92(d,J=8.4 Hz,1H),7.85(d,J=8.4 Hz,2H),7.55(d,J=8.4 Hz,1H),7.42(d,J=8.4 Hz,1H),7.28～7.35(m,2H),7.11～7.23(m,4H),5.07(d,J=6.8 Hz,1H),4.95(d,J=6.8 Hz,1H),3.95～4.05(m,2H),3.15(s,3H),1.27～1.40(m,2H),0.91～0.98(m,2H),0.63(t,J=7.2 Hz,3H)。

化合物(S)-2-甲氧基甲氧基-2′-异丙氧基-1,1′-联萘(32c)：除了用2-碘丙烷代替碘甲烷,其余合成方法同32a。(产率:90.7%)。^{1}H NMR(400 MHz,CDCl$_3$)：δ 7.95(d,J=8.4 Hz,

1H),7.92(d,$J=8.4$ Hz,1H),7.85(d,$J=8.4$ Hz,1H),7.83(d,$J=8.4$ Hz,1H),7.56(d,$J=8.8$ Hz,1H),7.45(t,$J=8.8$ Hz,1H),7.26~7.33(m,2H),7.20~7.24(m,2H),7.10~7.15(m,2H),5.08(d,$J=7.2$ Hz,1H),4.96(d,$J=7.2$ Hz,1H),4.50~4.54(m,1H),3.11(s,3H),1.19(d,$J=6.0$ Hz,3H),0.93(d,$J=6.0$ Hz,3H)。

化合物(S)-3-甲醛基-2-甲氧基甲氧基-2′-甲氧基-1,1′-联萘(33a):氮气保护下,将化合物32a(3.4 g,0.01 mol)溶于50 mL精制四氢呋喃中,冷却至−78 ℃,缓慢滴加溶有1.6 mol/L正丁基锂(7.3 mL,0.012 mol)的10 mL四氢呋喃,待滴加完毕后,升至室温反应1 h,再将反应液冷却至−78 ℃,缓慢滴加溶有DMF(1.6 mL,0.02 mol)的10 mL四氢呋喃,待滴加完毕后,升至室温反应2 h。TLC跟踪反应至原料无剩余,停止反应。将反应液缓慢加入至饱和氯化铵溶液中,缓慢加入1 mol/L盐酸溶液直至反应液呈中性,分出有机相,水相用二氯甲烷萃取(50 mL×3)。合并的有机相经饱和氯化钠洗涤(200 mL×1),无水硫酸钠干燥,减压除去溶剂得粗产物。应用柱色谱法(硅胶柱;展开剂:石油醚/乙酸乙酯=5/1)分离提纯,得到化合物(S)-3-甲醛基-2-甲氧基甲氧基-2′-甲氧基-1,1′-联萘(33a),为黄色固体(产量:2.3 g;产率:63.5%)。^{1}H NMR(400 MHz,CDCl$_3$):δ 10.59(s,1H),8.04(d,$J=8.8$ Hz,1H),8.03(d,$J=8.4$ Hz,1H),7.90(d,$J=8.4$ Hz,1H),7.44~7.48(m,2H),7.34~7.37(m,2H),7.29(d,$J=8.4$ Hz,1H),7.20(d,$J=8.4$ Hz,1H),7.12(d,$J=8.4$ Hz,1H),4.85(d,$J=6.8$ Hz,1H),4.62(d,$J=6.8$ Hz,1H),3.81(s,3H),3.02(s,3H)。

化合物(S)-3-甲醛基-2-甲氧基甲氧基-2′-丁氧基-1,1′-联萘

(33b):除了用化合物 32b 代替化合物 32a,其余合成方法同 33a。(产率:60.6%)。^{1}H NMR(400 MHz,CDCl$_3$):δ 10.47(s,1H),8.05(d,J =8.0 Hz,1H),8.04(d,J =8.0 Hz,1H),7.91(d,J = 8.4 Hz,1H),7.44~7.49(m,2H),7.35~7.38(m,2H),7.29(d,J =8.0 Hz,1H),7.21(d,J =8.4 Hz,1H),7.14(d,J =8.4 Hz,1H),4.86(d,J =6.8 Hz,1H),4.64(d,J =6.8 Hz,1H),3.95~4.05(m,2H),3.12(s,3H),1.37~1.45(m,2H),0.95~1.00(m,2H),0.65(t,J =7.6 Hz,3H)。

化合物(S)-3-甲醛基-2-甲氧基甲氧基-2′-异丙氧基-1,1′-联萘(33c):除了用化合物 32c 代替化合物 32a,其余合成方法同 33a。(产率:58.7%)。^{1}H NMR(400 MHz,CDCl$_3$):δ 10.60(s,1H),8.04(d,J =8.4 Hz,1H),8.03(d,J =8.4 Hz,1H),7.92(d,J = 8.4 Hz,1H),7.45~7.49(m,2H),7.35~7.38(m,2H),7.30(d,J =8.4 Hz,1H),7.21(d,J =8.4 Hz,1H),7.12(d,J =8.4 Hz,1H),4.85(d,J =6.8 Hz,1H),4.63(d,J =6.8 Hz,1H),4.52~4.55(m,1H),3.10(s,3H),1.19(d,J =6.0 Hz,3H),0.92(d,J = 6.0 Hz,3H)。

化合物(S)-3-甲醛基-2-羟基-2′-甲氧基-1,1′-联萘(34a):250 mL圆底烧瓶中,将化合物 33a(1.9 g,0.005 mol)溶于 30 mL 四氢呋喃中,加入 10 mL 浓盐酸,室温反应 8 h。停止反应,减压除去部分溶剂,残余液中加入 100 mL 水,析出黄色固体。过滤,并多次打浆洗涤,直至滤饼呈中性。充分干燥后的化合物(S)-3-甲醛基-2-羟基-2′-甲氧基-1,1′-联萘(34a)为黄色固体(产量:1.4 g;产率:87.5%)。^{1}H NMR(400 MHz,CDCl$_3$):δ 10.44(s,1H),10.18(s,1H),8.30(s,1H),8.00(d,J =8.0 Hz,1H),7.96(d,J =

8.4 Hz,1H),7.88(d,J = 8.4 Hz,1H),7.48(d,J = 8.4 Hz,1H),7.31~7.39(m,3H),7.26(t,J = 8.4 Hz,1H),7.12~7.17(m,2H),3.80(s,3H)。HRMS(m/z)Calcd. for $[C_{22}H_{17}O_3]^+$：329.109 9,found：329.110 6。

化合物(S)-3-甲醛基-2-羟基-2′-丁氧基-1,1′-联萘(34b)：除了用化合物 33b 代替化合物 33a,其余合成方法同 34a。(产率：90.7%)。^{1}H NMR(400 MHz,CDCl$_3$)：δ 10.40(s,1H),10.20(s,1H),8.30(s,1H),7.98(d,J = 8.0 Hz,1H),7.96(d,J = 8.4 Hz,1H),7.87(d,J = 8.4 Hz,1H),7.44(d,J = 8.4 Hz,1H),7.32~7.38(m,3H),7.26(t,J = 8.4 Hz,1H),7.16~7.18(m,2H),3.95~4.05(m,2H),1.37~1.45(m,2H),0.95~1.00(m,2H),0.65(t,J = 7.6 Hz,3H)。HRMS(m/z)Calcd. for $[C_{25}H_{23}O_3]^+$：371.164 7,found：371.168 1。

化合物(S)-3-甲醛基-2-羟基-2′-异丙氧基-1,1′-联萘(34c)：除了用化合物 33c 代替化合物 33a,其余合成方法同 34a。(产率：93.7%)。^{1}H NMR(400 MHz,CDCl$_3$)：δ 10.42(s,1H),10.16(s,1H),8.30(s,1H),8.01(d,J = 8.0 Hz,1H),7.98(d,J = 8.4 Hz,1H),7.87(d,J = 8.4 Hz,1H),7.45(d,J = 8.4 Hz,1H),7.33~7.39(m,3H),7.26(t,J = 8.4 Hz,1H),7.13~7.19(m,2H),4.55~4.58(m,1H),1.17(d,J = 6.0 Hz,3H),0.91(d,J = 6.0 Hz,3H)。HRMS(m/z)Calcd. for $[C_{24}H_{21}O_3]^+$：357.149 1,found：357.148 7。

7.1.2 含 TBD 水杨醛的合成

含 TBD 水杨醛的合成路线如图 7.5 所示。

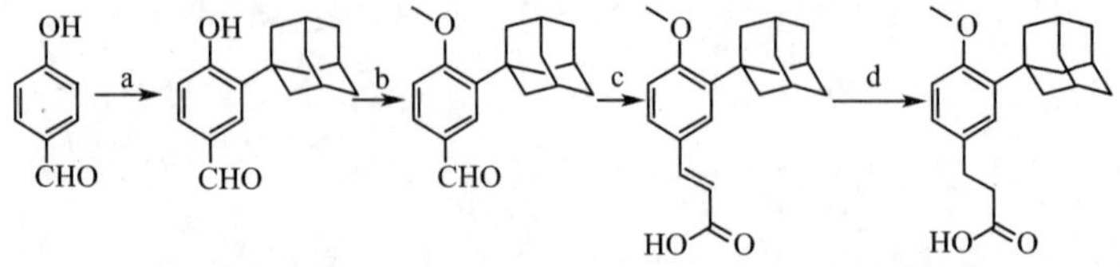

单一组分三价钴配合物催化 CO_2 与环氧烷烃共聚

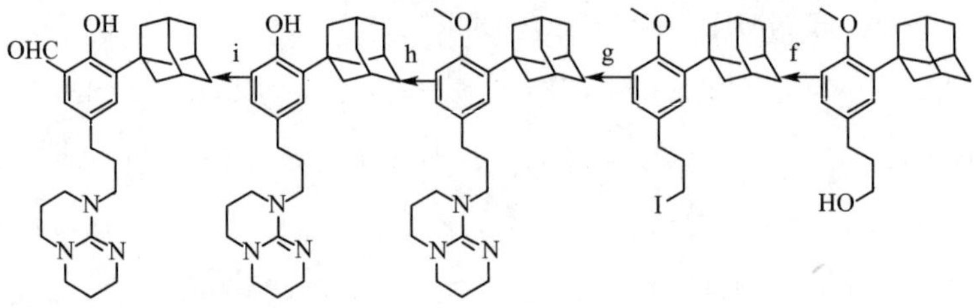

图 7.5 含 TBD 水杨醛合成路线

Fig. 7.5 Synthetic route of salicylaldehyde with TBD group

(a)1-金刚烷醇,浓 H_2SO_4;(b)CH_3I;(c)$CH_2(COOH)_2$,哌啶;(d)H_2, Pd/C(10%);(e)$LiAlH_4$;(f)PPh_3,I_2;(g)TBD,NaH;(h)BBr_3;(i)$(HCHO)_n$,$MgCl_2$,Et_3N

化合物 3-(1-金刚烷基)-4-羟基苯甲醛(36):500 mL 圆底烧瓶中,化合物 4-羟基苯甲醛(12.2 g,0.12 mol)和 1-金刚烷醇(16.7 g,0.13 mol)溶于 300 mL 精制的二氯甲烷。将反应液冷却至 0 ℃,缓慢滴加浓硫酸(6.7 mL),待滴加完毕,升至室温反应 48 h。TLC 跟踪反应至原料无剩余,停止反应,缓慢加入饱和的碳酸氢钠溶液直至反应液呈碱性。分出有机相,水相用乙酸乙酯萃取(100 mL×3)。合并的有机相经饱和氯化钠洗涤(200 mL×3)、无水硫酸钠干燥后,减压除去溶剂得粗产物。应用柱色谱法(硅胶柱;展开剂:石油醚/乙酸乙酯=3/1)分离提纯,得到产物 3-(1-金刚烷基)-4-羟基苯甲醛(36),为白色固体(产量:23.4 g,产率:91.4%)。^{1}H NMR(400 MHz,CDCl$_3$):δ 11.21(s,1H),10.03(s,1H),7.76(s,1H),7.45(d,J=8.0 Hz,1H),6.92(d,J=8.0 Hz,1H),2.05(s,6H),2.01(s,3H),1.73(s,6H)。

化合物 3-(1-金刚烷基)-4-甲氧基苯甲醛(37):500 mL 圆底烧瓶中,将化合物 36(16.0 g,0.063 mol)和无水碳酸钾(10.5 g,0.076 mol)溶于 200 mL 四氢呋喃中,加入碘甲烷(4.8 mL,0.076 mol),室温下反应 24 h。TLC 跟踪反应至原料无剩余,停止反应。过滤,减压除去溶剂得粗产物。应用柱色谱法(硅胶柱;展开剂:石油醚/乙酸乙酯=3/1)分离提纯,得到产品 3-(1-金刚烷基)-4-甲氧基苯甲醛(37),为淡黄色油状(产量:15.4 g;产率:92.3%)。^{1}H NMR(400 MHz,CDCl$_3$):δ 9.84(s,1H),7.73(s,1H),7.42(d,J=8.0 Hz,1H),6.84(d,J=8.0 Hz,1H),3.80(s,3H),2.05(s,6H),2.01(s,3H),1.73(s,6H)。

化合物 3-(3-(1-金刚烷基)-4-甲氧基苯基)丙烯酸(38):250 mL 圆底烧瓶中依次加入化合物 37(15.0 g,0.055 mol)、丙二酸(11.3 g,0.11 mol)和哌啶(1.2 mL),再加入 50 mL 吡啶将其溶解,生成亮黄色溶液。反应液加热到 85 ℃,反应 2.5 h,然后再升温至 105 ℃,反应 3 h,生成淡黄色溶液。停止反应,反应液冷却至室温后,缓慢加入至 300 mL 1 mol/L 的盐酸溶液,生成淡黄色固体。经水多次打浆洗涤,得到产品 3-(3-(1-金刚烷基)-4-甲氧基苯基)丙烯酸(38),为白色固体(产量:14.3 g;产率:82.2%)。^{1}H NMR(400 MHz,CDCl$_3$):δ 8.11(d,J=16.0 Hz,1H),7.64(s,1H),7.43(d,J=8.8 Hz,1H),6.87(d,J=8.8 Hz,1H),6.49(d,J=16.0 Hz,1H),3.82(s,3H),2.05(s,6H),2.02(s,3H),

1.75(s,6H)。HRMS(m/z)Calcd. for $[C_{20}H_{23}O_3]^-$:311.1647,found:311.1676。

化合物 3-(3-(1-金刚烷基)-4-甲氧基苯基)-丙酸(39):高压釜中加入化合物 38(8.0 g,0.026 mol)和 80 mL 四氢呋喃,待其完全溶解之后,加入 10% Pd/C 催化剂(0.64 g),充入氢气(0.5 MPa),室温搅拌反应 2 h。停止反应,过滤除去 Pd/C 催化剂,减压除去溶剂得到产品 3-(3-(1-金刚烷基)-4-甲氧基苯基)-丙酸(39),为白色固体(产量:8.0 g;产率:99.4%)。^{1}H NMR(400 MHz,CDCl$_3$):δ 7.01(s,1H),6.97(d,$J=8.4$ Hz,1H),6.76(d,$J=8.4$ Hz,1H),3.77(s,3H),2.87(t,$J=8.0$ Hz,2H),2.62(t,$J=8.0$ Hz,2H),2.06(s,6H),2.01(s,3H),1.74(s,6H)。HRMS(m/z)Calcd. for $[C_{20}H_{25}O_3]^-$:313.1804,found:313.1817。

化合物 3-(3-(1-金刚烷基)-4-甲氧基苯基)-1-丙醇(40):250 mL 圆底烧瓶中加入氢化铝锂(1.5 g,0.039 mol)和 40 mL 精制四氢呋喃,冷却至 0 ℃,缓慢滴加溶有化合物 39(5.0 g,0.016 mol)的 30 mL 精制四氢呋喃。待滴加完毕,将反应液加热回流,反应 8 h 后冷却至 0 ℃,缓慢加入少量的水以淬灭未反应的氢化铝锂,产生大量气泡,并生成白色固体,抽滤,并用乙酸乙酯洗涤滤饼,滤液经无水硫酸钠干燥后,减压除去溶剂得产物 3-(3-(1-金刚烷基)-4-甲氧基苯基)-1-丙醇(40),为白色固体(产量:4.1 g;产率:84.5%)。^{1}H NMR(400 MHz,CDCl$_3$):δ 7.04(s,1H),6.99(d,$J=8.4$ Hz,1H),6.79(d,$J=8.4$ Hz,1H),3.81(s,3H),3.69(t,$J=7.4$ Hz,2H),2.64(t,$J=7.4$ Hz,2H),2.09(s,6H),2.06(s,3H),1.77(s,6H)。HRMS(m/z)Calcd. for $[C_{20}H_{29}O_2]^+$:301.2168,found:301.2179。

化合物 4-(3-碘丙基)-2-(1-金刚烷基)苯甲醚(41):250 mL 圆底烧瓶中,三苯基膦(2.9 g,0.011 mol)和咪唑(0.2 g,0.03 mol)溶于 150 mL 二氯甲烷中。待其完全溶解后,加入碘(2.8 g,0.011 mol),避光反应 0.5 h。滴加溶有化合物 40(3.0 g,0.010 mol)的 10 mL 二氯甲烷,继续反应 2 h。TLC 跟踪反应至原料无剩余,停止反应,加入 200 mL 饱和亚硫酸钠溶液,充分搅拌。分出有机相,水相用二氯甲烷萃取(50 mL×3)。合并的有机相经饱和氯化钠洗涤(200 mL×3)、无水硫酸钠干燥后,减压除去溶剂。残余物中加入 20 mL 正己烷,过滤除去不溶物,减压除去溶剂得粗产品。应用柱色谱法(硅胶柱;展开剂:石油醚/乙酸乙酯=10/1)分离提纯,得到产物 4-(3-碘丙基)-2-(1-金刚烷基)苯甲醚(41),为白色固体(产量:3.2 g,产率:78.1%)。^{1}H NMR(400 MHz,CDCl$_3$):δ 7.02(s,1H),6.98(d,J=8.4 Hz,1H),6.77(d,J=8.4 Hz,1H),3.83(s,3H),3.18(t,J=7.4 Hz,2H),2.66(t,J=7.4 Hz,2H),2.11(s,6H),2.08(s,3H),2.06~2.08(m,2H),1.77(s,6H)。HRMS(m/z) Calcd. for [C$_{20}$H$_{28}$IO]$^+$:411.118 5,found:411.119 5。

化合物 4-(3-(TBD 基)丙基)-2-(1-金刚烷基)苯甲醚(42):100 mL圆底烧瓶中加入氢化钠(0.55 g,0.022 mol)和 20 mL 精制四氢呋喃,冷却至 0 ℃,缓慢滴加溶有 TBD(1.0 g,7.4 mmol)的 10 mL 精制四氢呋喃。待滴加完毕,升至室温,继续反应 2 h,滴加溶有化合物 41(2.0 g,4.9 mmol)的 10 mL 精制四氢呋喃。待滴加完毕,升至室温,再反应 24 h,直至无原料剩余。过滤除去反应液中不溶物,滤液经减压除去溶剂得粗品。应用柱色谱法(硅胶柱;展开剂:二氯甲烷/甲醇=10/1)分离提纯,得到产物 4-(3-(TBD 基)丙基)-2-(1-金刚烷基)苯甲醚(42),为白色固体(产量:1.5 g;产率:73.0 %)。^{1}H NMR(400 MHz,CDCl$_3$):δ 7.28(s,1H),7.13(d,J = 8.4 Hz,1H),6.67(d,J = 8.4 Hz,1H),3.80(s,3H),3.74(t,J = 7.4 Hz,2H),3.51~3.53(m,2H),3.25~3.32(m,6H),2.64(t,J=7.4 Hz,2H),2.08(s,6H),2.05(s,3H),1.94~2.03(m,6H),1.73(s,6H)。HRMS(m/z)Calcd. for [$C_{27}H_{40}N_3O$]$^+$:422.317 1,found:422.319 9.

化合物 4-(3-(TBD 基)丙基)-2-(1-金刚烷基)苯酚(43):氮气保护下,将化合物 42(1.4 g,3.5 mmol)溶于 50 mL 精制二氯甲烷中,冷却至 −78 ℃,缓慢滴加溶有三溴化硼(1.8 mL,18.0 mmol)的 10 mL 二氯甲烷,待滴加完毕后,保持 −78 ℃反应 1 h,然后升至室温反应 12 h,停止反应。将反应液缓慢加入至饱和碳酸氢钠溶液中,保持溶液呈碱性,分出有机相,水相用二氯甲烷萃取(50 mL×3)。合并的有机相经饱和氯化钠洗涤(200 mL×1),无水硫酸钠干燥,减压除去溶剂得粗产物。应用柱色谱法(硅胶柱;展开剂:二氯甲烷/甲醇 = 20/1)分离提纯,得到产物 4-(3-(TBD基)丙基)-2-(1-金刚烷基)苯酚(43),为白色固体(产量:0.7 g;产率:48.3%)。^{1}H NMR(400 MHz,CDCl$_3$):δ 7.00(d,J = 8.0 Hz,1H),6.94(s,1H),6.82(d,J = 8.0 Hz,1H),3.56(t,J = 7.2 Hz,2H),3.38~3.40(m,2H),3.22~3.26(m,6H),2.64(t,J = 7.2 Hz,2H),2.14(s,6H),2.09(s,3H),1.96~2.02(m,6H),1.78(s,6H)。HRMS(m/z)Calcd. for [$C_{26}H_{38}N_3O$]$^+$:408.301 5,found:408.300 8。

化合物 5-(3-(TBD 基)丙基)-3-(1-金刚烷基)-2-羟基苯甲醛(44):氮气保护下,化合物 43(0.7 g,1.7 mmol)溶于 30 mL 精制四氢呋喃中,加入精制三乙胺(0.47 mL,3.4 mmol)和无水氯化镁

(0.32 g,3.4 mmol),室温下搅拌 15 min 后,加入多聚甲醛(0.20 g, 6.8 mmol),升温至回流反应 8 h,TLC 跟踪反应至原料无剩余,停止反应。待反应液冷却至室温后,加入 50 mL 水,二氯甲烷萃取(50 mL×4)。合并的有机相经饱和氯化钠洗涤(200 mL×1),无水硫酸钠干燥,减压除去溶剂得粗产品。应用柱色谱法(硅胶柱;展开剂:二氯甲烷/甲醇=20/1)分离提纯,得到产物 5-(3-(TBD 基)丙基)-3-(1-金刚烷基)-2-羟基苯甲醛(44),为黄色固体(产量: 0.70 g;产率:94.6 %)。^{1}H NMR(400 MHz,CDCl$_3$):δ 11.69(s, 1H),9.85(s,1H),7.41(s,1H),7.33(s,1H),3.70~3.76(m, 4H),3.29~3.43(m,6H),2.81(t,J=7.2 Hz,2H),2.12(s, 6H),2.08(s,3H),1.65~1.94(m,6H),1.75(s,6H)。^{13}C NMR (100 MHz,CDCl$_3$):δ 196.8,158.5,150.7,145.2,136.1,128.7, 123.6,121.7,50.9,48.6,47.3,46.1,43.1,38.1,34.2,29.8, 27.1,26.8,21.8,21.5。HRMS(m/z)Calcd. for $[C_{27}H_{38}N_3O_2]^+$: 435.296 4,found:435.297 5。

化合物 5-(3-(TBD 基)丙基)-3-叔丁基-2-羟基苯甲醛(45):除了起始原料采用化合物 3-叔丁基-4-羟基苯甲醛代替化合物 3-(1-金刚烷基)-4-羟基苯甲醛(36)外,其余的合成方法同化合物 44。^{1}H NMR(400 MHz,CDCl$_3$):δ 11.80(s,1H),10.24(s,1H),7.30(s, 1H),7.24(s,1H),3.76(t,J=7.2 Hz,2H),3.55(t,J=5.2 Hz, 2H),3.25~3.33(m,6H),2.67(t,J=7.6 Hz,2H),1.94~2.05 (m,6H),1.28(s,9H)。^{13}C NMR(100 MHz,CDCl$_3$):δ 196.4, 158.3,150.4,145.2,135.9,128.3,123.4,121.7,50.3,48.0, 47.2,46.1,38.5,34.2,31.4,27.0,26.6,21.0,20.9。HRMS (m/z)Calcd. for $[C_{21}H_{32}N_3O_2]^+$:358.249 5,found:358.247 2。

7.1.3 手性配体 L_{IX}-L_{XII} 的合成

手性配体 L_{IX}-L_{XII} 合成路线如图 7.6 所示。

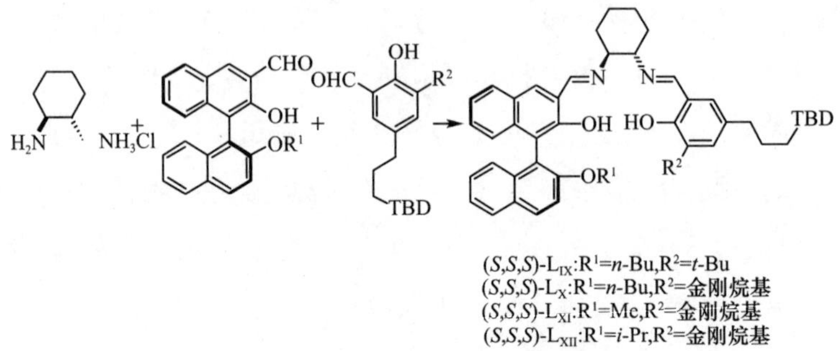
CHO
OHC
OH
OH
R^2
H_2N
$\overset{+}{N}H_3Cl$
OR^1
TBD
N
OH
HO
TBD
OR^1
R^2
(S,S,S)-L_{IX}:R^1=n-Bu,R^2=t-Bu
(S,S,S)-L_X:R^1=n-Bu,R^2=金刚烷基
(S,S,S)-L_{XI}:R^1=Me,R^2=金刚烷基
(S,S,S)-L_{XII}:R^1=i-Pr,R^2=金刚烷基

图 7.6 手性配体 L_{IX}-L_{XII} 合成路线

Fig. 7.6 Synthetic route of chiral ligand L_{IX}-L_{XII}

配体(*S*,*S*,*S*)-L_{IX}：100 mL 圆底烧瓶中，将(*S*,*S*)-环己二胺单盐酸盐(0.15 g，1.0 mmol)和化合物 34b(0.37 g，1.0 mmol)溶于 30 mL 无水甲醇，加入 5 A 分子筛。室温下反应 5 h 后，加入精制三乙胺(0.27 mL，2.0 mmol)和化合物 45(0.36 g，1.0 mmol)，再补加 20 mL 二氯甲烷，继续搅拌 8 h。停止反应，抽滤，滤饼用二氯甲烷洗涤，滤液减压除去溶剂后得粗产品。应用柱色谱法(硅胶柱；展开剂：石油醚/乙酸乙酯/三乙胺＝100/10/1)分离提纯，得到配体(*S*,*S*,*S*)-L_{IX}，为淡黄色固体(产量：0.37 g；产率：45.7%)。$[\alpha]_D^{20}$ +188(*c* 1.0，$CHCl_3$)。^1H NMR(400 MHz，$CDCl_3$)：δ 13.80(s，1H)，13.02(s，1H)，8.58(s，1H)，8.23(s，1H)，7.92(d，*J*＝8.4 Hz，1H)，7.84(d，*J*＝8.4 Hz，1H)，7.79(d，*J*＝8.4 Hz，1H)，7.75(d，*J*＝8.4 Hz，1H)，7.42(t，*J*＝8.4 Hz，1H)，7.30～7.31(m，2H)，7.15～7.19(m，4H)，7.04(d，*J*＝8.4 Hz，1H)，6.92(s，1H)，3.92～4.01(m，2H)，3.65～3.68(m，2H)，3.45～3.50(m，

2H),3.31~3.38(m,1H),3.20~3.23(m,3H),3.07~3.12(m,4H),2.78(t,J=7.6 Hz,2H),1.54~1.98(m,14H),1.45(s,9H),1.31~1.42(m,2H),0.86~0.93(m,2H),0.58(t,J=7.6 Hz,3H)。^{13}C NMR(100 MHz,CDCl$_3$):δ 165.9,165.8,162.2,158.1,154.1,150.3,138.2,136.3,134.1,130.4,130.3,129.9,129.7,129.6,128.7,128.0,127.1,126.9,126.8,126.6,124.3,124.1,124.0,123.9,120.3,120.0,73.8,71.9,68.9,50.5,48.2,47.4,45.8,39.7,35.8,34.2,33.0,31.4,28.2,27.0,26.9,24.3,24.2,20.7,20.0,17.4,13.9。HRMS(m/z)Calcd. for [C$_{52}$H$_{64}$N$_5$O$_3$]$^+$:806.5009,found:806.4989。

配体(S,S,S)-L$_\mathrm{X}$:除了用化合物44代替45外,其余合成方法同(S,S,S)-L$_\mathrm{IX}$。产率:46.1%。$[\alpha]_\mathrm{D}^{20}$+208(c 1.0,CHCl$_3$)。^{1}H NMR(400 MHz,CDCl$_3$):δ 13.80(s,1H),13.03(s,1H),8.56(s,1H),8.25(s,1H),7.93(d,J=8.4 Hz,1H),7.83(d,J=8.4 Hz,1H),7.79(d,J=8.4 Hz,1H),7.73(d,J=8.4 Hz,1H),7.42(t,J=8.4 Hz,1H),7.14~7.35(m,6H),7.05(d,J=8.4 Hz,1H),6.91(s,1H),3.95~4.03(m,2H),3.62~3.65(m,2H),3.40~3.48(m,3H),3.19~3.23(m,3H),3.02~3.10(m,4H),2.77(t,J=7.6 Hz,2H),2.18(s,6H),2.11(s,3H),1.50~2.01(m,20H),1.33~1.45(m,2H),0.88~0.95(m,2H),0.59(t,J=7.6 Hz,3H)。^{13}C NMR(100 MHz,CDCl$_3$):δ 166.0,165.7,162.3,158.2,154.2,150.4,138.1,136.3,134.1,130.5,130.3,129.8,129.7,129.6,128.7,128.2,127.3,126.9,126.8,126.7,124.2,124.1,124.0,123.9,120.2,119.9,74.1,72.1,68.7,50.4,48.3,47.6,45.9,43.1,39.8,38.1,35.8,34.3,33.0,30.6,26.9,

26.8,24.1,24.0,20.8,20.0,17.9,13.9。HRMS(m/z)Calcd. for $[C_{58}H_{70}N_5O_3]^+$:884.547 9,found:884.549 8。

配体(S,S,S)-L_{XI}:除了用化合物34a代替化合物34b、化合物44代替45外,其余合成方法同(S,S,S)-L_{IX}。产率:42.1%。$[\alpha]_D^{20}$ +179(c 1.0,CHCl$_3$)。^{1}H NMR(400 MHz,CDCl$_3$):13.79(s,1H),13.12(s,1H),8.45(s,1H),8.23(s,1H),8.01(d,J=8.0 Hz,1H),7.89(d,J=8.0 Hz,1H),7.73~7.76(m,2H),7.47(t,J=8.0 Hz,1H),7.20~7.31(m,5H),7.01~7.05(m,2H),6.99(d,J=8.0 Hz,1H),3.78(s,3H),3.60~3.64(m,2H),3.41~3.48(m,3H),3.20~3.25(m,3H),3.01~3.09(m,4H),2.78(t,J=7.6 Hz,2H),2.17(s,6H),2.10(s,3H),1.46~2.04(m,20H)。^{13}C NMR(100 MHz,CDCl$_3$):δ 165.8,165.6,162.1,158.0,154.2,150.2,138.0,136.2,134.0,130.4,130.1,129.8,129.7,129.5,128.6,128.2,127.2,126.8,126.7,124.1,124.0,123.8,120.1,119.8,74.0,72.0,58.2,50.1,48.2,47.3,45.4,43.0,39.7,38.3,35.7,34.3,33.0,30.4,26.9,26.8,24.1,24.0,20.1。HRMS(m/z)Calcd. for $[C_{55}H_{64}N_5O_3]^+$:842.500 9,found:842.503 8。

配体(S,S,S)-L_{XII}:除了用化合物34c代替化合物34b、化合物44代替45外,其余合成方法同(S,S,S)-L_{IX}。产率:48.1%。$[\alpha]_D^{20}$ +193(c 1.0,CHCl$_3$)。^{1}H NMR(400 MHz,CDCl$_3$):13.80(s,1H),13.12(s,1H),8.47(s,1H),8.24(s,1H),8.03(d,J=8.0 Hz,1H),7.90(d,J=8.0 Hz,1H),7.74~7.78(m,2H),7.49(t,J=8.0 Hz,1H),7.21~7.33(m,6H),7.06(d,J=8.0 Hz,1H),6.98(d,J=8.0 Hz,1H),4.56~4.60(m,1H),3.62~3.65

(m,2H),3.41~3.49(m,3H),3.20~3.24(m,3H),3.02~3.10(m,4H),2.79(t,$J=7.6$ Hz,2H),2.15(s,6H),2.08(s,3H),1.48~2.01(m,20H),1.14(d,$J=6.0$ Hz,3H),0.87(d,$J=6.0$ Hz,3H)。^{13}C NMR(100 MHz,CDCl$_3$):δ 165.8,165.5,162.2,158.0,154.1,150.3,138.1,136.1,134.2,130.6,130.4,129.9,129.8,129.7,129.5,128.4,128.0,127.1,126.9,126.7,124.1,124.0,123.9,120.0,119.5,74.0,72.0,71.8,50.0,48.2,47.4,45.4,41.3,39.9,38.2,38.0,35.6,33.1,30.2,30.1,26.9,26.8,24.6,24.0,22.3,20.5,20.0。HRMS(m/z) Calcd. for [C$_{57}$H$_{68}$-N$_5$O$_3$]$^+$:870.5322,found:870.5348。

配体(R,R,S)-L$_\text{Ⅶ}$:除了用化合物(R,R)-环己二胺单盐酸盐代替化合物(S,S)-环己二胺单盐酸盐,其余合成方法同(S,S,S)-L$_\text{Ⅶ}$。产率:46.7%。$[\alpha]_D^{20}$ -83 (c 1.0,CHCl$_3$)。^{1}H NMR(400 MHz,CDCl$_3$):13.84(s,1H),13.17(s,1H),8.55(s,1H),8.30(s,1H),8.05(d,$J=8.0$ Hz,1H),7.91(d,$J=8.0$ Hz,1H),7.72~7.77(m,2H),7.50(t,$J=8.0$ Hz,1H),7.20~7.33(m,6H),7.07(d,$J=8.0$ Hz,1H),6.92(d,$J=8.0$ Hz,1H),4.56~4.61(m,1H),3.63~3.66(m,2H),3.44~3.54(m,3H),3.28~3.32(m,3H),3.03~3.10(m,4H),2.76(t,$J=7.6$ Hz,2H),2.15(s,6H),2.08(s,3H),1.49~2.00(m,20H),1.13(d,$J=6.0$ Hz,3H),0.86(d,$J=6.0$ Hz,3H)。^{13}C NMR(100 MHz,CDCl$_3$):δ 165.9,165.2,162.2,158.0,154.1,150.4,138.1,136.2,134.1,130.6,130.5,129.9,129.8,129.6,128.4,128.0,127.2,127.0,126.7,124.2,124.1,123.9,120.0,119.6,74.1,72.4,72.3,49.9,48.2,47.5,45.4,41.4,40.0,38.2,38.1,35.6,33.2,30.3,30.1,

26.9,26.8,24.8,24.0,22.3,20.2,19.8。HRMS(m/z)Calcd. for $[C_{57}H_{68}N_5O_3]^+$：870.532 2,found：870.535 4。

7.1.4 手性配合物 Ⅸ-Ⅻ 的合成

配合物(S,S,S)-Ⅸ：50 mL 圆底烧瓶中,将配体(S,S,S)-L$_Ⅸ$(0.20 g,0.25 mmol)和脱去结晶水的醋酸钴(0.054 g,0.30 mmol)溶于 10 mL 无水甲醇中,室温搅拌反应 12 h。加入无水氯化锂(0.022 g,0.50 mmol),通入氧气,继续反应 12 h。停止反应,减压除去溶剂,残余物溶于 50 mL 二氯甲烷中,分别经饱和碳酸氢钠溶液(50 mL×3)和饱和氯化钠溶液(50 mL×3)洗涤。有机相经无水硫酸钠干燥后,减压除去溶剂。再将残余物溶于 10 mL 二氯甲烷中,加入硝酸银(0.051 g,0.30 mmol),避光反应 24 h。过滤除去不溶物,减压除去溶剂。粗产物用二氯甲烷和正己烷重结晶,得到配合物(S,S,S)-Ⅸ,为墨绿色固体(产量：0.18 g；产率：92.1%)。^{1}H NMR (400 MHz,DMSO-d_6)：δ 8.51(s,1H),8.49(s,1H),8.02(d,$J=$ 8.4 Hz,1H),7.92(d,$J=$8.4 Hz,1H),7.82～7.88(m,2H),7.63 (d,$J=$8.4 Hz,1H),7.35(s,1H),7.09～7.27(m,6H),6.71(s, 1H),3.98～4.03(m,1H),3.90～9.93(m,1H),3.62～3.67(m, 2H),3.20～3.33(m,8H),2.92～3.12(m,4H),1.50～2.03(m, 12H),1.31～1.43(m,2H),1.23(s,9H),0.85～0.93(m,2H), 0.56(t,$J=$ 7.6 Hz,3H)。^{13}C NMR (100 MHz, DMSO-d_6)： δ 166.5,164.4,161.2,158.5,153.6,154.8,141.7,138.2,137.1, 135.8,135.7,134.5,129.0,128.8,128.6,128.6,127.4,127.5, 125.4,125.3,125.2,123.5,123.0,122.7,122.1,121.5,121.4, 118.3,115.9,69.8,69.3,67.6,49.5,47.6,47.4,46.0,39.3, 31.4,30.6,29.8,29.6,28.5,28.2,24.2,24.1,20.3,20.2,17.5,

13.1。HRMS(m/z) Calcd. for $[C_{52}H_{62}N_6O_5Co]^+$: 925.406 3, found: 925.410 0。

配合物(S,S,S)-X: 除了用配体(S,S,S)-L_X代替配体(S,S,S)-L_{IX}其余合成方法同(S,S,S)-IX。产率: 90.6%。^1H NMR(400 MHz, DMSO-d_6): δ 8.48(s,1H), 8.44(s,1H), 8.00(d,$J=$8.8 Hz,1H), 7.90(d,$J=$8.8 Hz,1H), 7.80~7.86(m,2H), 7.63(d,$J=$8.8 Hz,1H), 7.37(s,1H), 7.07~7.25(m,6H), 6.39(s,1H), 4.00~4.05(m,1H), 3.90~9.94(m,1H), 3.60~3.65(m,2H), 3.19~3.30(m,8H), 2.91~3.10(m,4H), 2.15(s,6H), 2.12(s,3H), 1.54~2.05(m,18H), 1.37~1.48(m,2H), 0.85~0.93(m,2H), 0.56(t,$J=$7.6 Hz,3H)。^{13}C NMR(100 MHz, DMSO-d_6): δ 166.0, 164.2, 161.5, 158.6, 154.9, 153.7, 141.8, 138.3, 137.2, 135.8, 135.7, 134.3, 129.1, 128.9, 128.8, 128.5, 127.5, 127.4, 125.4, 125.3, 123.5, 123.0, 122.8, 122.1, 121.6, 121.5, 118.3, 115.8, 69.9, 69.2, 67.7, 49.4, 47.6, 47.2, 46.1, 40.3, 39.1, 36.9, 36.8, 30.8, 29.7, 29.6, 28.5, 28.0, 24.2, 24.1, 20.6, 20.4, 17.9, 13.3。HRMS(m/z) Calcd. for $[C_{58}H_{68}N_6O_5Co]^+$: 1 003.453 2, found: 1 003.451 6。

配合物(S,S,S)-XI: 除了用配体(S,S,S)-L_{XI}代替配体(S,S,S)-L_{IX}其余合成方法同(S,S,S)-IX。产率: 82.1%。^1H NMR(400 MHz, DMSO-d_6): δ 8.46(s,1H), 8.43(s,1H), 8.00(d,$J=$8.0 Hz,1H), 7.86(d,$J=$8.0 Hz,1H), 7.82~7.88(m,2H), 7.63(d,$J=$8.0 Hz,1H), 7.37(s,1H), 7.01~7.22(m,6H), 6.48(s,1H), 3.81(s,3H), 3.56~3.62(m,2H), 3.40~3.43(m,2H), 3.28~3.33(m,8H), 2.96~3.13(m,4H), 2.14(s,6H), 2.07(s,

3H),1.51～2.00(m,18H)。^{13}C NMR(100 MHz,DMSO-d_6):δ 166.9,165.0,161.6,158.6,153.7,150.3,141.9,138.0,137.2,135.9,134.4,129.0,128.9,128.8,128.7,127.7,127.6,125.4,125.2,125.1,123.6,123.2,122.8,122.5,121.5,121.3,118.6,115.1,70.1,69.9,58.2,49.1,47.8,47.5,46.3,40.1,39.0,37.2,36.9,33.2,30.0,29.9,28.4,27.6,24.2,24.1,20.2,20.1。HRMS(m/z) Calcd. for [$C_{55}H_{62}N_6O_5Co$]$^+$:961.4063,found:961.4096。

配合物(S,S,S)-Ⅻ:除了用配体(S,S,S)-L$_Ⅺ$代替配体(S,S,S)-L$_Ⅸ$其余合成方法同(S,S,S)-Ⅸ。产率:88.1%。^{1}H NMR (400 MHz,DMSO-d_6):δ 8.47(s,1H),8.45(s,1H),8.02(d,J=8.4 Hz,1H),7.89(d,J=8.4 Hz,1H),7.81～7.88(m,2H),7.63(d,J=8.4 Hz,1H),7.35(s,1H),7.07～7.23(m,6H),6.45(s,1H),4.69～4.72(m,1H),3.59～3.64(m,2H),3.41～3.43(m,2H),3.30～3.35(m,8H),2.95～3.13(m,4H),2.13(s,6H),2.06(s,3H),1.49～2.00(m,18H),1.14(d,J=6.0 Hz,3H),0.86(d,J=6.0 Hz,3H)。^{13}C NMR(100 MHz,DMSO-d_6):δ 167.0,165.1,161.7,158.6,153.8,150.4,141.9,138.2,137.4,135.9,134.3,131.9,128.9,128.8,128.6,127.7,127.6,125.4,125.3,125.2,123.6,123.1,122.8,122.3,121.7,121.4,118.3,115.9,70.2,69.9,69.2,49.0,47.8,47.3,46.2,40.3,39.1,37.0,36.8,33.1,29.9,29.8,28.3,27.9,24.2,24.1,22.0,20.6,20.4。HRMS(m/z) Calcd. for [$C_{57}H_{66}N_6O_5Co$]$^+$:989.4376,found:989.4389。

配合物(R,R,S)-Ⅻ:除了用配体(R,R,S)-L$_Ⅺ$代替配体(S,S,S)-

L_{XII}其余合成方法同(S,S,S)-XII。产率:86.2%。^{1}H NMR(400 MHz, DMSO-d_6):δ 8.56(s,1H),8.51(s,1H),8.04(d,J=8.4 Hz,1H),7.90 (d,J=8.4 Hz,1H),7.82~7.88(m,2H),7.64(d,J=8.4 Hz,1H),7.35 (s,1H),7.07~7.25(m,6H),6.56(s,1H),4.71~4.78(m,1H),3.59~ 3.65(m,2H),3.42~3.44(m,2H),3.31~3.35(m,8H),2.98~3.14(m, 4H),2.15(s,6H),2.07(s,3H)。1.49~2.01(m,18H),1.14(d,J= 6.0 Hz,3H)。0.88(d,J=6.0 Hz,3H)。^{13}C NMR(100 MHz,DMSO-d_6):δ 167.4,165.5,161.9,158.6,153.7,150.3,142.0,138.2,137.4, 135.7,134.5,131.9,129.0,128.9,128.7,127.7,127.6,125.4,125.3, 123.6,123.3,122.8,122.5,121.8,121.6,118.5,115.9,70.7,70.3,69.2, 49.0,47.9,47.3,46.5,40.3,39.1,37.1,36.9,33.1,29.9,29.8,28.6, 28.0,24.1,24.0,22.0,20.8,20.3。HRMS (m/z) Calcd. for [$C_{57}H_{66}$-N_6O_5Co]$^+$:989.437 6,found:989.434 2。

7.2 配合物IX-XII催化CO_2与PO的不对称共聚反应

7.2.1 催化剂结构对共聚反应区域和立体选择性的影响

控制共聚反应中单体插入方式的立体化学主要有两种,聚合物链末端控制和催化剂活性位点控制[87]。SalenCo(III)X配合物催化CO_2与PO的共聚反应中,PO开环反应的立体化学属于活性位点控制。因此,本书通过将Salen配体中一个苯环替换为手性的联-2-萘酚衍生物,合成了新型的手性SalenCo(III)X配合物,并将其应用于催化CO_2与外消旋PO的区域和立体选择性共聚反应(表7.1)。

表7.1 手性SalenCo(Ⅲ)X配合物催化CO_2与外消旋PO的区域和立体选择性共聚反应

Tab. 7.1 Regio- and stereoselective copolymerization of CO_2 and rac-PO catalyzed by chiral SalenCo(Ⅲ)X complexes

编号	催化剂	时间/h	PO转化率/%	M_n/(kg·mol^{-1})	PDI (M_w/M_n)	头尾连接单元含量/%	ee值/%	k_{rel}
1	(S,S,S)-Ⅸ	4	46.9	50.8	1.08	96	60.5	6.7
2	(S,S,S)-Ⅹ	6	45.2	57.3	1.09	98	72.0	11.1
3	(S,S,S)-Ⅺ	6	46.3	59.4	1.08	98	68.5	9.6
4	(S,S,S)-Ⅻ	6	44.0	55.6	1.08	98	74.1	12.1
5	(R,R,S)-Ⅻ	6	43.8	54.2	1.09	98	11.3	1.4

注1:反应在PO(n(PO)/n(催化剂)=2 000)中,25 ℃、1.5 MPa CO_2压力下进行.

注2:聚合物选择性及聚碳酸酯中碳酸酯含量>99%.

在25 ℃和1.5 MPa的CO_2压力下,配合物(S,S,S)-Ⅸ催化CO_2与外消旋PO共聚反应时,展现出较好的立体选择性,k_{rel}为6.7,但区域选择性较之前的SalenCo(Ⅲ)X/季铵盐双组分催化体系并没有提高,头尾连接单元含量依然为96%(编号1)。

作者课题组曾研究了SalenCo(Ⅲ)X/PPNCl双组分催化体系中,Salen配体的结构对CO_2与外消旋PO共聚反应影响,结果表明当增加苯环3位取代基的空间位阻时,聚合物的头尾连接单元含量和ee值都有不同程度的提高[57]。因此,通过将配体$L_Ⅸ$中苯环3位的叔丁基替换为空间位阻更大的1-金刚烷基,合成了配合物(S,S,S)-Ⅹ。该手性配合物能以较好的区域和立体选择性催化CO_2与外消旋PO的共聚反应(编号2)。

7 手性钴配合物催化 CO_2 与外消旋 PO 不对称、区域和立体选择性共聚反应

同时,考察了联-2-萘酚衍生物中烷氧基的空间位阻对共聚反应的影响(编号2~4)。结果显示,随着烷氧基空间位阻的增加,共聚反应的立体选择性也有所提高,其中异丙氧基取代的配合物(S,S,S)-Ⅻ催化CO_2与外消旋PO的共聚反应的k_{rel}为12.1(编号4)。

然而,采用含有与环己二胺骨架手性特征不同的联萘酚衍生物取代的配合物(R,R,S)-Ⅻ催化CO_2与外消旋PO的共聚反应,k_{rel}仅为1.4,但是所得聚合物的头尾连接单元含量依然高达98%(编号5)。另外,从^{13}C NMR谱图中可以看出,所得聚碳酸酯的构型为无规立构(图7.7A);相比之下,配合物(S,S,S)-Ⅻ催化CO_2与外消旋PO共聚反应主要得到全同立构的聚碳酸酯(图7.7B)。

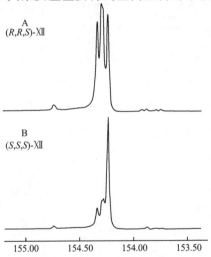

图 7.7 配合物(R,R,S)-Ⅻ和配合物(S,S,S)-Ⅻ催化CO_2与外消旋PO共聚反应生成的PPC中羰基的^{13}C NMR谱图

Fig. 7.7 Carbonyl region of the ^{13}C NMR spectra of PPC resulted from the copolymerization of CO_2 and rac-PO catalyzed by complexes (R,R,S)-Ⅻ and (S,S,S)-Ⅻ

7.2.2 反应温度对共聚反应区域和立体选择性的影响

反应温度对 CO_2 和外消旋 PO 共聚反应的立体化学有着重要的影响。一般认为,反应温度越低,越有利于外消旋 PO 的动力学拆分及区域选择性开环[93]。Coates 等采用 (R,R)-SalenCo(Ⅲ)OBzF$_5$/PPNCl 双组分体系在 $-20\ ℃$ 下催化了 CO_2 和外消旋 PO 的共聚反应,k_{rel} 为 9.7,并首次将聚碳酸酯的头尾连接单元含量提高到 98%。本书也考察了反应温度对配合物 (S,S,S)-Ⅻ 催化 CO_2 和外消旋 PO 共聚反应的影响(表 7.2)。

表 7.2 反应温度对配合物 (S,S,S)-Ⅻ 催化 CO_2 和外消旋 PO 共聚反应区域和立体选择性的影响

Tab. 7.2 Effect of temperature on the regio-and stereoselect of CO_2/rac-PO copolymerization catalyzed by complex(S,S,S)-Ⅻ

编号	$\dfrac{n(PO)}{n(催化剂)}$	温度/℃	时间/h	PO转化率/%	M_n/(kg·mol^{-1})	PDI(M_w/M_n)	头尾连接单元含量%	ee值/%	k_{rel}
1	2 000	25	6	44.0	55.6	1.08	98	74.1	12.1
2	2 000	0	12	31.5	40.1	1.10	>99	85.6	18.9
3	1 000	−20	24	37.8	20.4	1.13	>99	87.0	24.4

注 1:反应在 PO 中进行$(n(PO)/n(Ⅻ)=2\ 000)$.

注 2:聚合物选择性及聚碳酸酯中碳酸酯含量>99%.

从表 7.2 中可以看出,随着反应温度的降低,外消旋 PO 的 k_{rel} 逐渐提高。另外,当反应温度降为 0 ℃时,配合物 (S,S,S)-Ⅻ 催化 CO_2 和外消旋 PO 共聚反应展现了近乎完美的区域选择性,首次得到头尾连接单元含量超过 99% 的 PPC(图 7.8)。

7 手性钴配合物催化 CO_2 与外消旋 PO 不对称、区域和立体选择性共聚反应

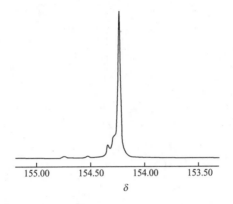

图 7.8 配合物(S,S,S)-ⅩⅢ 在 0 ℃下催化 CO_2 与外消旋 PO 共聚反应生成的 PPC 中羰基的 ^{13}C NMR 谱图

Fig. 7.8 Carbonyl region of the ^{13}C NMR spectra of PPC resulted from the copolymerization of CO_2 and rac-PO catalyzed by complex (S,S,S)-ⅩⅢ at 0 ℃

众所周知,全同结构的聚合物具有一些独特的物理、化学性能。但是,对于 CO_2 与端位环氧烷烃聚合,目前很难得到完全区域规整、全同立构的聚碳酸酯。这主要是因为端位环氧烷烃的开环不仅发生在位阻较小的亚甲基碳原子,同时也发生在位阻较大的次甲基碳原子,后者可能会导致端位环氧烷烃的手性发生反转,从而影响生成聚碳酸酯的微观结构。配合物(S,S,S)-ⅩⅢ 在催化 CO_2 与外消旋 PO 过程中展现出近乎完美的区域选择性。因此,作者也将该配合物用于催化 CO_2 与(R)-PO 的不对称共聚反应。结果显示,生成的共聚物展现出 100% 的头尾连接单元含量,表明该聚合物具有完全区域规整、全同立构的微观结构(图 7.9)。

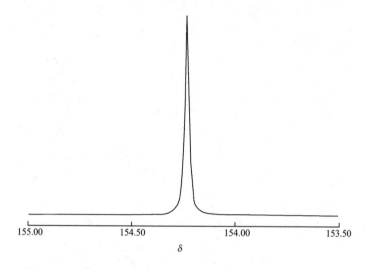

图 7.9 配合物 (S,S,S)-XII 在 0 ℃下催化 CO_2 与 (R)-PO 共聚反应生成的 PPC 中羰基的 ^{13}C NMR 谱图

Fig. 7.9 Carbonyl region of the ^{13}C NMR spectra of PPC resulted from the copolymerization of CO_2 and (R)-PO catalyzed by complex (S,S,S)-XII at 0 ℃

7.3 本章小结

1. 将衍生化的联-2-萘酚和大位阻有机碱 TBD 同时引入 Salen 配体,合成了一类新型的手性 SalenCo(III)X 配合物 IX-XII。

2. 配体中苯环 3 位取代基空间位阻、联-2-萘酚衍生物中烷氧基的空间位阻和手性特征以及反应温度都对手性配合物催化 CO_2 与外消旋 PO 的共聚反应的区域和立体选择性有着重要的影响。

3. 配合物 (S,S,S)-XII 作为催化剂时,以近乎完美的区域选择性和良好的立体选择性实现了 CO_2 与外消旋 PO 的共聚反应。在 0 ℃下,首次得到头尾连接单元含量超过 99% 的 PPC;当反应温度降低至 −20 ℃时,k_{rel} 高达 24.4。

附 录

附录 A 催化剂结构

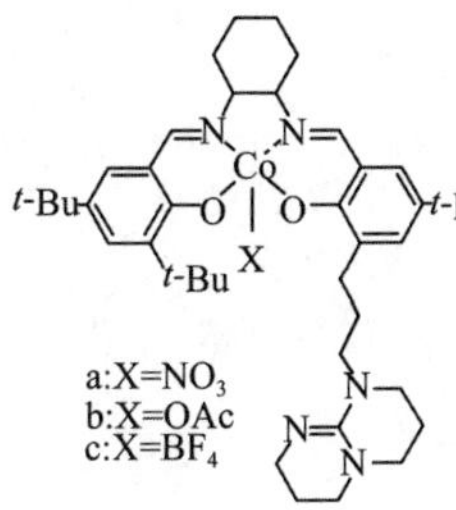

a: X=NO$_3$
b: X=OAc
c: X=BF$_4$

I

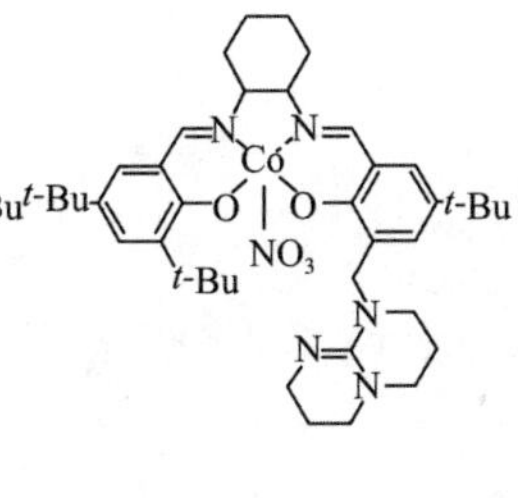

II

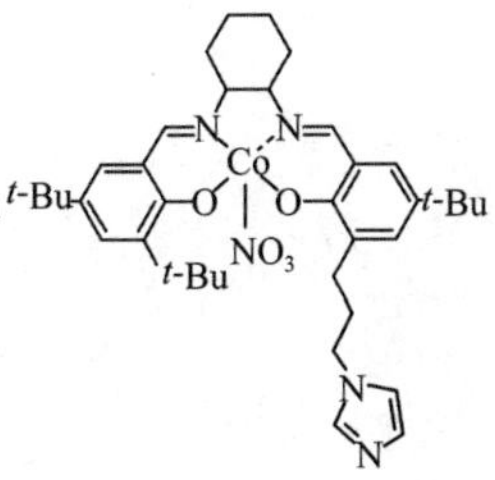

III

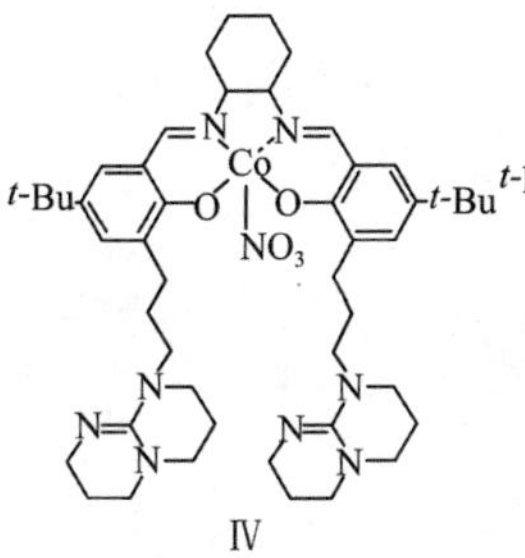

IV

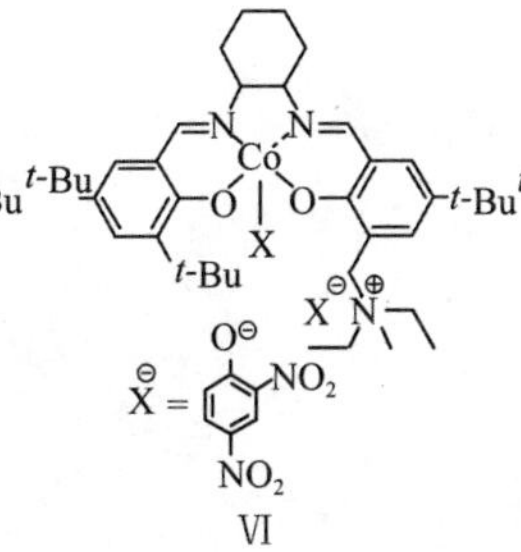

VI

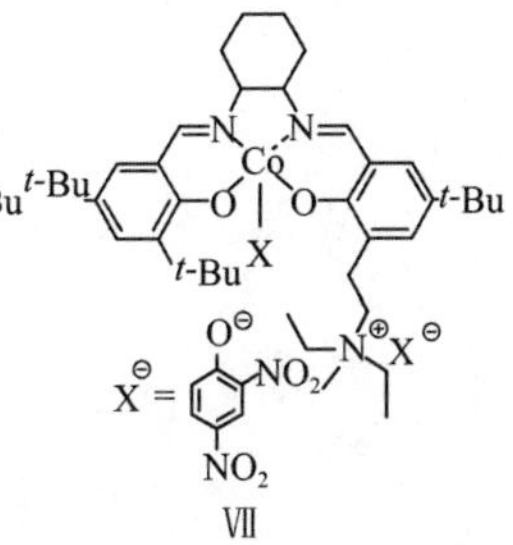

VII

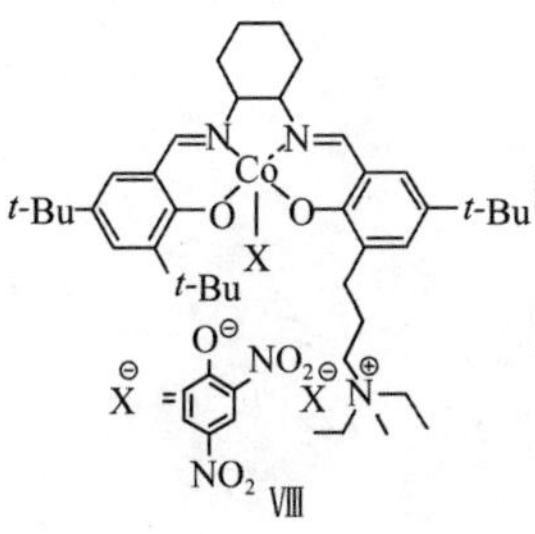

VIII

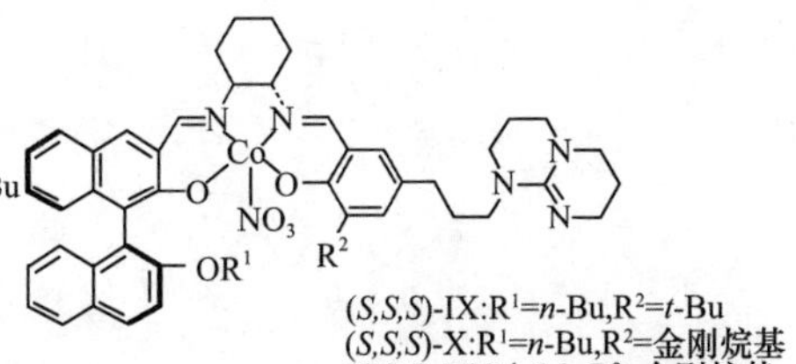

(S,S,S)-IX: R^1=n-Bu, R^2=t-Bu
(S,S,S)-X: R^1=n-Bu, R^2=金刚烷基
(S,S,S)-XI: R^1=Me, R^2=金刚烷基
(S,S,S)-XII: R^1=t-Pr, R^2=金刚烷基

附录B 缩写词

PO(propylene oxide)环氧丙烷

CHO(cyclohexene oxide)环氧环己烷

PPC(poly(propylene carbonate))聚碳酸丙烯酯

PCHC(poly(cyclohexene carbonate))聚碳酸环己烯酯

TBD(1,5,7-triazabicyclo[4.4.0]dec-5-ene)1,5,7-三氮杂双环[4.4.0]癸-5-烯

MTBD(7-methyl-1,5,7-triazabicyclo[4.4.0]dec-5-ene)7-甲基-1,5,7-三氮杂双环[4.4.0]癸-5-烯

TOF(turnover frequency)转化频率,单位物质的量活性中心在单位时间转化的反应的物质的量(h^{-1})。

附录 C 典型化合物的核磁谱图

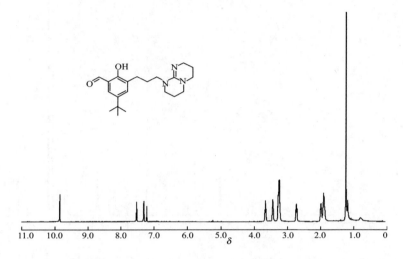

附图 1 化合物 10 在 CDCl$_3$ 中的 ^{1}H NMR 谱图
Fig. S1 ^{1}H NMR spectrum of the compound 10 in CDCl$_3$

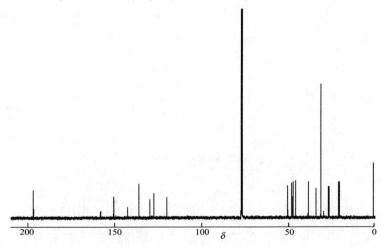

附图 2 化合物 10 在 CDCl$_3$ 中的 ^{13}C NMR 谱图
Fig. S2 ^{13}C NMR spectrum of the compound 10 in CDCl$_3$

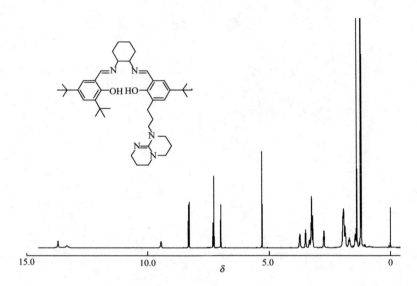

附图 3　配体 L_1 在 $CDCl_3$ 中的 ^1H NMR 谱图
Fig. S3　^1H NMR spectrum of the ligand L_1 in $CDCl_3$

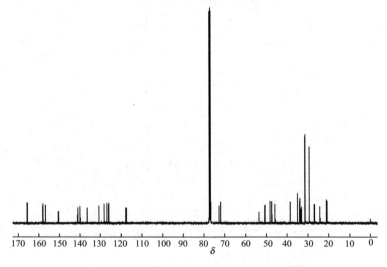

附图 4　配体 L_1 在 $CDCl_3$ 中的 ^{13}C NMR 谱图
Fig. S4　^{13}C NMR spectrum of the ligand L_1 in $CDCl_3$

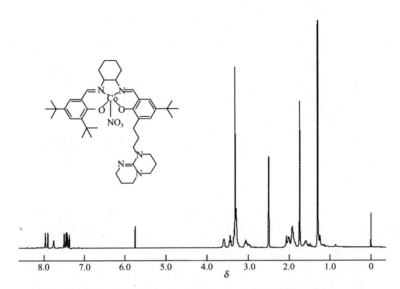

附图 5　配合物 Ⅰa 在 DMSO-d_6 中的 ^{1}H NMR 谱图
Fig. S5　^{1}H NMR spectrum of the complex Ⅰa in DMSO-d_6

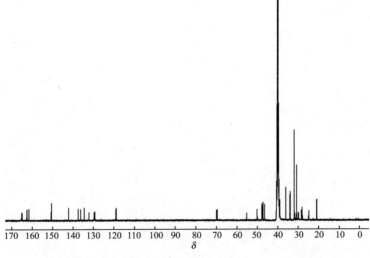

附图 6　配合物 Ⅰa 在 DMSO-d_6 中的 ^{13}C NMR 谱图
Fig. S6　^{13}C NMR spectrum of the complex Ⅰa in DMSO-d_6

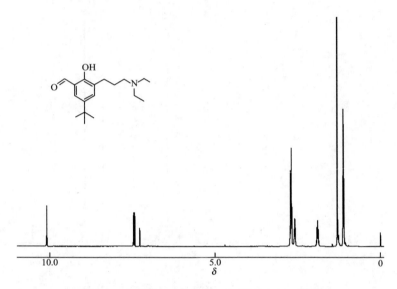

附图 7　化合物 28 在 CDCl₃ 中的 ¹H NMR 谱图

Fig. S7　¹H NMR spectrum of the compound 28 in CDCl₃

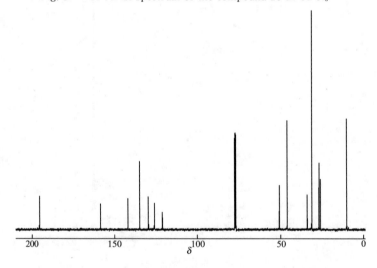

附图 8　化合物 28 在 CDCl₃ 中的 ¹³C NMR 谱图

Fig. S8　¹³C NMR spectrum of the compound 28 in CDCl₃

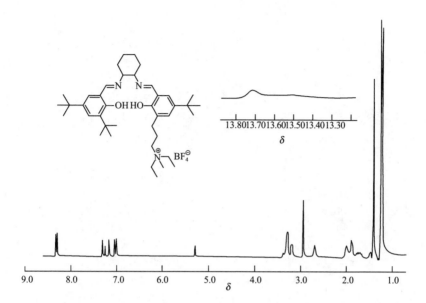

附图 9　配体 L_Ⅷ 在 CDCl₃ 中的 ¹H NMR 谱图
Fig. S9　¹H NMR spectrum of the ligand L_Ⅷ in CDCl₃

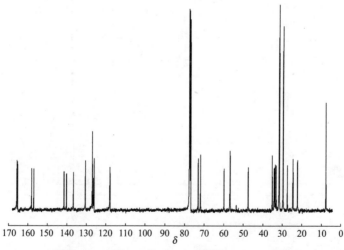

附图 10　配体 L_Ⅷ 在 CDCl₃ 中的 ¹³C NMR 谱图
Fig. S10　¹³C NMR spectrum of the ligand L_Ⅷ in CDCl₃

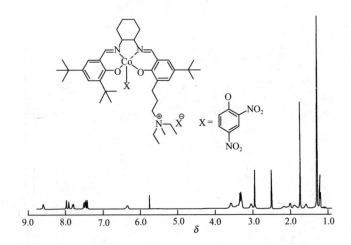

附图 11 配合物Ⅷ在 DMSO-d_6 中的 ^{1}H NMR 谱图
Fig. S11　^{1}H NMR spectrum of the complex Ⅷ in DMSO-d_6

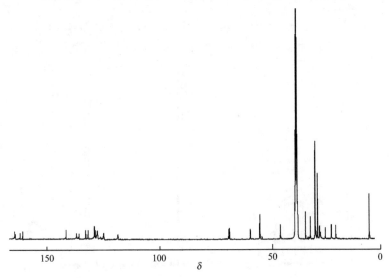

附图 12 配合物Ⅷ在 DMSO-d_6 中的 ^{13}C NMR 谱图
Fig. S12　^{13}C NMR spectrum of the complex Ⅷ in DMSO-d_6

参考文献

[1] Thorat S D, Phillips P J, Semenov V, et al. Physical properties of aliphatic polycarbonates made from CO_2 and epoxides [J]. Journal of Applied Polymer Science, 2003, 89: 1163-1176.

[2] Coates G W, Moore D R. Discrete metal-based catalysts for the copolymerization of CO_2 and epoxides: discovery, reactivity, optimization, and mechanism [J]. Angewandte Chemie International Edition, 2004, 43: 6618-6639.

[3] Darensbourg D J, Mackiewicz R M, Phelps A L, et al. Copolymerization of CO_2 and epoxides catalyzed by metal salen complexes [J]. Accounts of Chemical Research, 2004, 37: 836-844.

[4] Sugimoto H, Inoue S. Copolymerization of carbon dioxide and epoxide [J]. Journal of Polymer Science Part A: Polymer Chemistry, 2004, 42: 5561-5573.

[5] Chisholm M H, Zhou Z P. New generation polymers: the role of metal alkoxides as catalysts in the production of polyoxygenates [J]. Journal of Material Chemistry, 2004, 14: 3081-3092.

[6] Inoue S, Koinuma H, Tsuruta T. Copolymerization of carbon dioxide and epoxide [J]. Journal of Polymer Science Part B: Polymer Letters, 1969, 7: 287-292.

[7] Darensbourg D J. Making plastics from carbon dioxide: salen metal complexes as catalysts for the production of polycarbonates from epoxides and CO_2 [J]. Chemical Reviews, 2007, 107: 2388-2410.

[8] Kuran W, Listos T. Degradation of poly(propylene carbonate) by coordination catalysts containing phenolatozinc and alcoholatozinc species [J]. Macromolecular Chemistry and Physics, 1994, 195: 1011-1015.

[9] Darensbourg D J,Yarbrough J C,Ortiz C,*et al*. Comparative kinetic studies of the copolymerization of cyclohexene oxide and propylene oxide with carbon dioxide in the presence of chromium salen derivatives. In situ FTIR measurements of copolymer vs cyclic carbonate production [J]. Journal of the American Chemical Society,2003,125: 7586-7591.

[10] Tao Y H,Wang X H,Chen X S,*et al*. Regio-regular structure high molecular weight poly(propylene carbonate)by rare earth ternary catalyst and Lewis base cocatalyst [J]. Journal of Polymer Science Part A: Polymer Chemistry,2008,46: 4451-4458.

[11] Inoue S,Koinuma H,Tsuruta T. Copolymerization of carbon dioxide and epoxide with organometallic compounds [J]. Die Makromolekulare Chemie,1969,130: 210-220.

[12] Kobayashi M,Inoue S,Tsuruta T. Diethylzinc-dihydric phenol system as catalyst for the copolymerization of carbon dioxide with propylene oxide [J]. Macromolecules,1971,4: 658-659.

[13] Kobayashi M,Tang Y L,Tsuruta T,*et al*. Copolymerization of carbon dioxide and epoxide using dialkylzinc/dihydric phenol system as catalyst [J]. Die Makromolekulare Chemie,1973,169: 69-81.

[14] Kobayashi M,Inoue S,Tsuruta T. Copolymerization of carbon dioxide and epoxide by the dialkylzinc-carboxylic acid system [J]. Journal of Polymer Science Part A: Polymer Chemistry,1973,11: 2383-2385.

[15] Inoue S,Kobayashi M,Koinuma H,*et al*. Reactivities of some organozinc initiators for copolymerization of carbon dioxide and propylene oxide [J]. Die Makromolekulare Chemie,1972,155: 61-73.

[16] Kuran W, Pasynkiewicz S, Skupinska J,*et al*. Alternating copolymerization of carbon dioxide and propylene oxide in the presence of organometallic catalysts [J]. Die Makromolekulare Chemie,1976,177: 11-20.

[17] Gorecki P, Kuran W. Diethylzinc-trihydric phenol catalysts for copolymerization of carbon dioxide and propylene oxide: activity in copolymerization and copolymer destruction processes [J]. Journal of Polymer Science: Polymer Letters Edition, 1985, 23: 299-304.

[18] Soga K, Imai E, Hattori I. Alternating copolymerization of carbon dioxide and propylene oxide with the catalysts prepared from zinc hydroxide and various dicarboxylic acids [J]. Polymer Journal, 1981, 13: 407-410.

[19] Ree M, Bae J Y, Jung J H, et al. A new copolymerization process leading to poly(propylene carbonate) with a highly enhanced yield from carbon dioxide and propylene oxide [J]. Journal of Polymer Science Part A: Polymer Chemistry, 1999, 37: 1863-1876.

[20] Kim J S, Ree M, Shin T J, et al. X-ray absorption and NMR spectroscopic investigations of zinc glutarates prepared from various zinc sources and their catalytic activities in the copolymerization of carbon dioxide and propylene oxide [J]. Journal of Catalysis, 2003, 218: 209-219.

[21] Kruper W J, Smart D J. Carbon dioxide oxirane copolymers prepared using double metal cyanide complexes: US, 4500704 [P]. 1985-02-19[1983-08-15]. http://v3.espacenet.com/publication-Details/ biblio?DB = EPODOC&adjacent = true&locale = en_V3&FT = D&date = 19850219&CC = US&NR = 4500704A&KC = A.

[22] Yang S Y, Fang X G, Chen L B. Biodegradability of CO_2 copolymers synthesized by using macromolecule-bimetal catalysts [J]. Polymers for Advanced Technologies, 1996, 7: 605-608.

[23] Chen S, Qi G R, Hua Z J, et al. Double metal cyanide complex based on $Zn_3[Co(CN)_6]_2$ as highly active catalyst for copolymerization of carbon dioxide and cyclohexene oxide [J]. Journal of Polymer Science Part A:

Polymer Chemistry, 2004, 42: 5284-5291.

[24] Chen X H, Shen Z Q, Zhang Y F. New catalytic systems for the fixation of carbon dioxide. 1. copolymerization of CO_2 and propylene oxide with new rare-earth catalysts—$RE(P_{204})_3$-Al(i-Bu)$_3$-R(OH)$_n$[J]. Macromolecules, 1991, 24: 5305-5308.

[25] Tan C S, Hsu T J. Alternating copolymerization of carbon dioxide and propylene oxide with a rare-earth-metal coordination catalyst[J]. Macromolecules, 1997, 30: 3147-3150.

[26] Quan Z L, Wang X H, Zhao X J, et al. Copolymerization of CO_2 and propylene oxide under rare earth ternary catalyst: design of ligand in yttrium complex[J]. Polymer, 2003, 44: 5605-5610.

[27] Takeda N, Inoue S. Polymerization of 1,2-epoxypropane and copolymerization with carbon dioxide catalyzed by metalloporphyrins [J]. Die Makromolekulare Chemie, 1978, 179: 1377-1381.

[28] Aida T, Ishikawa M, Inoue S. Alternating copolymerization of carbon dioxide and epoxide catalyzed by the aluminum porphyrin-quaternary organic salt or triphenylphosphine system: Synthesis of polycarbonate with well-controlled molecular weight[J]. Macromolecules, 1986, 19: 8-13.

[29] Inoue S. Immortal polymerization: The outset, development, and application [J]. Journal of Polymer Science Part A: Polymer Chemistry, 2000, 38: 2861-2871.

[30] Darensbourg D J, Holtcamp M W. Catalytic activity of zinc(II) phenoxides which possess readily accessible coordination sites. Copolymerization and terpolymerization of epoxides and carbon dioxide [J]. Macromolecules, 1995, 28: 7577-7579.

[31] Darensbourg D J, Holtcamp M W, Struck G E, et al. Catalytic activity of

a series of Zn(Ⅱ)phenoxides for the copolymerization of epoxides and carbon dioxide [J]. Journal of the American Chemical Society, 1999, 121: 107-116.

[32] Darensbourg D J, Wildeson J R, Yarbrough J, et al. Bis 2, 6-difluorophenoxide dimeric complexes of zinc and cadmium and their phosphine adducts: lessons learned relative to carbon dioxide/cyclohexene oxide alternating copolymerization processes catalyzed by zinc phenoxides [J]. Journal of the American Chemical Society, 2000, 122: 12487-12496.

[33] Cheng M, Lobkovsky E B, Coates G W, et al. Catalytic reactions involving C1 feedstocks: New high-activity Zn(Ⅱ)-based catalysts for the alternating copolymerization of carbon dioxide and epoxides [J]. Journal of the American Chemical Society, 1998, 120: 11018-11019.

[34] Cheng M, Darling N A, Lobkovsky E B, et al. Enantiomerically-enriched organic reagents via polymer synthesis: enantioselective copolymerization of cycloalkene oxides and CO_2 using homogeneous, zinc-based catalysts [J]. Chemical Communications, 2000: 2007-2008.

[35] Cheng M, Moore D R, Reczek J J, et al. Single-site β-diiminate zinc catalysts for the alternating copolymerization of CO_2 and epoxides: Catalyst synthesis and unprecedented polymerization activity [J]. Journal of the American Chemical Society, 2001, 123: 8738-8749.

[36] Moore D R, Cheng M, Lobkovsky E B, et al. Electronic and steric effects on catalysts for CO_2/epoxide polymerization: Subtle modification resulting in superior activity [J]. Angewandte Chemie International Edition, 2002, 41: 2599-2602.

[37] Allen S D, Moore D R, Lobkovsky E B, et al. High-activity, single-site catalysts for the alternating copolymerization of CO_2 and propylene

oxide [J]. Journal of the American Chemical Society, 2002, 124: 14284-14285.

[38] Moore D R, Cheng M, Lobkovsky E B, et al. Mechanism of the alternating copolymerization of epoxides and CO_2 using β-diiminate zinc catalysts: Evidence for a bimetallic epoxide enchainment [J]. Journal of the American Chemical Society, 2003, 125: 11911-11924.

[39] Byrne C M, Allen S D, Lobkovsky E B, et al. Alternating copolymerization of limonene oxide and carbon dioxide [J]. Journal of the American Chemical Society, 2004, 126: 11404-11405.

[40] Jeske R C, Rowley J M, Coates G W. Pre-rate-determining selectivity in the terpolymerization of epoxides, cyclic anhydrides, and CO_2: A one-step route to diblock copolymers [J]. Angewandte Chemie International Edition, 2008, 47: 6041-6044.

[41] Jacobsen E N. Asymmetric catalysis of epoxide ring-opening reactions [J]. Accounts of Chemical Research, 2000, 33: 421-431.

[42] Jacobsen E N, Tokunaga M, Larrow J F. Stereoselective ring opening reactions: WO, 0009436 [P]. 2000-02-04[1998-08-14]. http://v3.espacenet.com/publicationDetails/originalDocument?CC = WO&NR = 0009463A1&KC = A1&FT = D&date = 20000224&DB = EPODOC&locale = en_V3.

[43] Darensbourg D J, Yarbrough J C. Mechanistic aspects of the copolymerization reaction of carbon dioxide and epoxides, using a chiral salen chromium chloride catalyst [J]. Journal of the American Chemical Society, 2002, 124: 6335-6342.

[44] Darensbourg D J, Mackiewicz R M, Rodgers J L, et al. (salen)Cr^{III} X catalysts for the copolymerization of carbon dioxide and epoxide: role of the initiator and cocatalyst [J]. Inorganic Chemistry, 2004, 43: 1831-1833.

参考文献

[45]　Darensbourg D J, Mackiewicz R M, Rodgers J L, et al. Cyclohexene oxide/CO_2 copolymerization catalyzed by chromium(Ⅲ)salen complexes and N-methylimidazole: effects of varying salen ligand substituents and relative cocatalyst loading [J]. Inorganic Chemistry, 2004, 43: 6024-6034.

[46]　Darensbourg D J, Rodgers J L, Mackiewicz R M, et al. Probing the mechanistic aspects of the chromium salen catalyzed carbon dioxide/epoxide copolymerization process using in situ ATR/FTIR [J]. Catalysis Today, 2004, 98: 485-492.

[47]　Darensbourg D J, Phelps A L. Effective, selective coupling of propylene oxide and carbon dioxide to poly(propylene carbonate) using (salen)CrN_3 catalysts [J]. Inorganic Chemistry, 2005, 44: 4622-4629.

[48]　Darensbourg D J, Mackiewicz R M, Billodeaux D R. Pressure dependence of the carbon dioxide/cyclohexene oxide coupling reaction catalyzed by chromium salen complexes. Optimization of the comonomer-alternating enchainment pathway [J]. Organometallics, 2005, 24: 144-148.

[49]　Darensbourg D J, Mackiewicz R M. Role of the cocatalyst in the copolymerization of CO_2 and cyclohexene oxide utilizing chromium salen complexes [J]. Journal of the American Chemical Society, 2005, 127: 14026-14038.

[50]　Darensbourg D J, Frantz E B, Andreatta J R. Further studies related to the copolymerization of cyclohexene oxide and carbon dioxide catalyzed by chromium Schiff base complexes. Crystal structures of two μ-hydroxo-bridged Schiff base dimers of chromium(Ⅲ)[J]. Inorganica Chimica Acta, 2006, 360: 523-528.

[51]　Eberhardt R, Allmendinger M, Rieger B. DMAP/Cr(Ⅲ)catalyst ratio: The decisive factor for poly(propylene carbonate)formation in the

coupling of CO_2 and propylene oxide [J]. Macromolecular Rapid Communications,2003,24: 194-196.

[52] Kobayashi S,Sugiura M,Kitagawa H,et al. Rare-earth metal triflates in organic synthesis [J]. Chemical Reviews,2002,102: 2227-2240.

[53] Cui D M,Nishiura M,Hou Z M. Alternating copolymerization of cyclohexene oxide and carbon dioxide catalyzed by organo rare earth metal complexes [J]. Macromolecules,2005,38: 4089-4095.

[54] Tokunaga M,Larrow J F,Kakiuchi F,et al. Asymmetric catalysis with water: Efficient kinetic resolution of terminal epoxides by means of catalytic hydrolysis [J]. Science,1997,277: 936-938.

[55] Qin Z Q,Thomas C M,Lee S,et al. Cobalt-based complexes for the copolymerization of propylene oxide and CO_2: Active and selective catalysts for polycarbonate synthesis [J]. Angewandte Chemie International Edition,2003,42: 5484-5487.

[56] Lu X B,Wang Y. High activity,binary catalyst systems for the alternating copolymerization of CO_2 and epoxides under mild conditions [J]. Angewandte Chemie International Edition,2004,43: 3574-3577.

[57] Lu X B,Shi L,Wang Y M,et al. Design of highly active binary catalyst systems for CO_2/epoxide copolymerization: polymer selectivity, enantioselectivity,and stereochemistry control [J]. Journal of the American Chemical Society,2006,128: 1664-1674.

[58] Shi L,Lu X B,Zhang R,et al. Asymmetric alternating copolymerization and terpolymerization of epoxides with carbon dioxide at mild conditions [J]. Macromolecules,2006,39: 5679-5685.

[59] Cohen C T,Chu T,Coates G W. Cobalt catalysts for the alternating copolymerization of propylene oxide and carbon dioxide: combining high activity and selectivity [J]. Journal of the American Chemical

Society,2005,127: 10869-10878.

[60] Cohen C T,Coates G W. Alternating copolymerization of propylene oxide and carbon dioxide with highly efficient and selective (salen)Co(Ⅲ) catalysts: Effect of ligand and cocatalyst variation [J]. Journal of Polymer Science Part A: Polymer Chemistry,2006,44: 5182-5191.

[61] Nakano K,Kamada T,Nozaki K. Selective formation of polycarbonate over cyclic carbonate: copolymerization of epoxides with carbon dioxide catalyzed by a cobalt(Ⅲ)complex with a piperidinium end-capping arm [J]. Angewandte Chemie International Edition,2006,45:7274-7277.

[62] Noh E K,Na S J,Sujith S,*et al*. Two components in a molecule: highly efficient and thermally robust catalytic system for CO_2/epoxide copolymerization [J]. Journal of the American Chemical Society,2007, 129: 8082-8083.

[63] Sujith S,Min J K,Seong J E,*et al*. A highly active and recyclable catalytic system for CO_2/propylene oxide copolymerization [J]. Angewandte Chemie International Edition,2008,47:7306-7309.

[64] Darensbourg D J,Moncada A I,Choi W,*et al*. Mechanistic studies of the copolymerization reaction of oxetane and carbon dioxide to provide aliphatic polycarbonates catalyzed by (Salen)CrX complexes [J]. Journal of the American Chemical Society,2008,130: 6523-6533.

[65] Rao D Y,Li B,Zhang R,*et al*. Binding of 4-(*N*,*N*-dimethylamino)pyridine to salen- and salan-Cr(Ⅲ)cations: A mechanistic understanding on the difference in their catalytic activity for CO_2/epoxide copolymerization [J]. Inorganic Chemistry,2009,48: 2830-2836.

[66] Paddock R L,Nguyen S. Alternating copolymerization of CO_2 and propylene oxide catalyzed by $Co^{Ⅲ}$(salen)/Lewis base [J]. Macromolecules,2005, 38: 6251-6253.

[67] Chen P. Electrospray ionization tandem mass spectrometry in high-throughput screening of homogeneous catalysts [J]. Angewandte Chemie International Edition, 2003, 30: 2832-2847.

[68] Combariza M Y, Fahey A M, Milshteyn A, et al. Gas-phase ion-molecule reactions of divalent metal complex ions: Toward coordination structure analysis by mass spectrometry and some intrinsic coordination chemistry along the way [J]. International Journal of Mass Spectrometry, 2005, 244: 109-124.

[69] Di Lena F, Quintanilla E, Chen P. Measuring rate constants for active species in the polymerization of ethylene by MAO-activated metallocene catalysts by electrospray ionization mass spectrometry [J]. Chemical Communications, 2005, 46: 5757-5759.

[70] Santos L S, Metzger J O. Study of homogeneously catalyzed Ziegler-Natta polymerization of ethene by ESI-MS [J]. Angewandte Chemie International Edition, 2006, 45: 977-801.

[71] Plattner D A, Feichtinger D, El-Bahraoui J, et al. Coordination chemistry of manganese-salen complexes studied by electrospray tandem mass spectrometry: The significance of axial ligands [J]. International Journal of Mass Spectrometry, 2000, 195: 351-362.

[72] Feichtinger D, Plattner D A. Probing the reactivity of oxomanganese-salen complexes: An electrospray tandem mass spectrometric study of highly reactive intermediates [J]. Chemistry-A European Journal, 2001, 7: 591-599.

[73] Schön E, Zhang X Y, Zhou Z P, et al. Gas-phase and solution-phase polymerization of epoxides by Cr(salen)complexes: evidence for a dinuclear cationic mechanism [J]. Inorganic Chemistry, 2004, 43: 7278-7280.

参考文献

[74] Chen P, Chisholm M H, Gallucci J, et al. Binding of propylene oxide to porphyrin- and salen-M(Ⅲ)cations, where M = Al, Ga, Cr, and Co [J]. Inorganic Chemistry, 2005, 44: 2588-2595.

[75] Li B, Zhang R, Lu X B. Stereochemistry control of the alternating copolymerization of CO_2 and propylene oxide catalyzed by SalenCrX complexes [J]. Macromolecules, 2007, 40: 2303-2307.

[76] Coates G W. Precise control of polyolefin stereochemistry using single-site metal catalysts [J]. Chemical Reviews, 2000, 100: 1223-1252.

[77] Maier M E, Bayer A. A formal total synthesis of salvadione [J]. European Journal of Organic Chemistry, 2006: 4034-4043.

[78] Lee B Y, Kwon H Y, Lee S Y, et al. Bimetallic anilido-aldimine zinc complexes for epoxide/CO_2 copolymerization [J]. Journal of the American Chemical Society, 2005, 127: 3031-3037.

[79] Bok T, Yun H, Lee B Y. Bimetallic fluorine-substituted anilido-aldimine zinc complexes for CO_2/(cyclohexene oxide)copolymerization [J]. Inorganic Chemistry, 2006, 45: 4228-4237.

[80] Sugimoto H, Ohshima H, Inoue S. Alternating copolymerization of carbon dioxide and epoxide by manganese porphyrin: The first example of polycarbonate synthesis from 1-atm carbon dioxide [J]. Journal of Polymer Science Part A: Polymer Chemistry, 2003, 41: 3549-3555.

[81] Xiao Y L, Wang Z, Ding K L. Intramolecularly dinuclear magnesium complex catalyzed copolymerization of cyclohexene oxide with CO_2 under ambient CO_2 pressure: Kinetics and mechanism [J]. Macromolecules, 2006, 39: 128-137.

[82] Kember M R, Knight P D, Reung P T R, et al. Highly active dizinc catalyst for the copolymerization of carbon dioxide and cyclohexene oxide at one atmosphere pressure [J]. Angewandte Chemie International Edition, 2009, 48,

931-933.

[83] Kember M R,White A J P,Williams C K. Di- and tri-zinc catalysts for the low-pressure copolymerization of CO_2 and cyclohexene oxide [J]. Inorganic Chemistry,2009,48: 9535-9542.

[84] Nakano K,Nakamura M,Nozaki K. Alternating copolymerization of cyclohexene oxide with carbon dioxide catalyzed by(salalen)CrCl complexes [J]. Macromolecules,2009,42: 6972-6980.

[85] Quan Z L,Min J D,Zhou Q H,et al. Synthesis and properties of carbon dioxide-epoxides copolymers from rare earth metal catalyst [J]. Macromolecular Symposia,2003,195: 281-286.

[86] Li B,Wu G P,Ren W M. Asymmetric,regio- and stereo-selective alternating copolymerization of CO_2 and propylene oxide catalyzed by chiral chromium Salan complexes [J]. Journal of Polymer Science Part A: Polymer Chemistry,2008,46: 6102-6113.

[87] Liu B Y,Zhao X J,Wang X H,et al. Copolymerization of carbon dioxide and propylene oxide with $Ln(CCl_3COO)_3$-based catalyst: The role of rare-earth compound in the catalytic system [J]. Journal of Polymer Science Part A: Polymer Chemistry,2001,39: 2751-2754.

[88] Quan Z L,Wang X H,Zhao X J,et al. Copolymerization of CO_2 and propylene oxide under rare earth ternary catalyst: design of ligand in yttrium complex [J]. Polymer,2003,44: 5605-5610.

[89] Schaus S E,Brandes B D,Larrow J F,et al. Highly selective hydrolytic kinetic resolution of terminal epoxides catalyzed by chiral (salen)Co^{III} complexes. Practical synthesis of enantioenriched terminal epoxides and 1, 2-diols [J]. Journal of the American Chemical Society,2002,124: 1307-1315.

[90] Nielsen L P C,Stevenson C P,Blackmond D G,et al. Mechanistic investigation leads to a synthetic improvement in the hydrolytic kinetic

resolution of terminal epoxides [J]. Journal of the American Chemical Society,2004,126: 1360-1362.

[91] Lu X B,Liang B,Zhang Y J,et al. Asymmetric catalysis with CO_2: direct synthesis of optically active propylene carbonate from racemic epoxides [J]. Journal of the American Chemical Society,2004,126: 3732-3733.

[92] Jin L L,Huang Y Z,Jing H W,et al. Chiral catalysts for the asymmetric cycloaddition of carbon dioxide with epoxides [J]. Tetrahedron: Asymmetry,2008,19: 1947-1953.

[93] Berkessel A,Brandenburg M. Catalytic asymmetric addition of carbon dioxide to propylene oxide with unprecedented enantioselectivity [J]. Organic Letters,2006,8: 4401-4404.